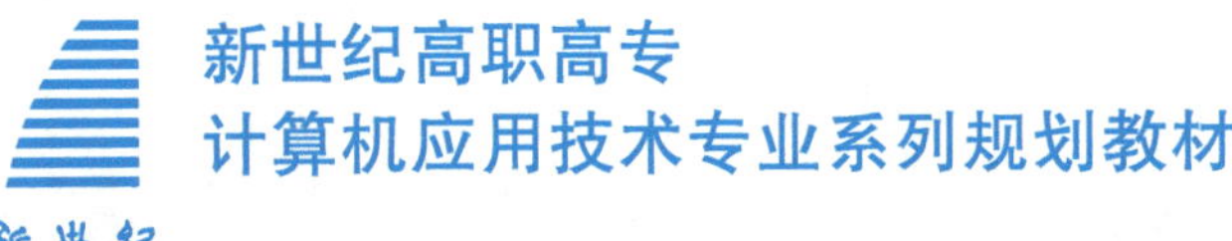

新世纪高职高专
计算机应用技术专业系列规划教材

JavaScript 网页交互特效范例与技巧

新世纪高职高专教材编审委员会 组编
主 编 李云程

第二版

大连理工大学出版社

图书在版编目(CIP)数据

JavaScript 网页交互特效范例与技巧 / 李云程主编
. -- 2 版. -- 大连 ：大连理工大学出版社，2021.1(2025.5 重印)
新世纪高职高专计算机应用技术专业系列规划教材
ISBN 978-7-5685-2746-0

Ⅰ. ①J… Ⅱ. ①李… Ⅲ. ①JAVA 语言－程序设计－高等职业教育－教材 Ⅳ. ①TP312.8

中国版本图书馆 CIP 数据核字(2020)第 231862 号

大连理工大学出版社出版

地址：大连市软件园路 80 号　邮政编码：116023

营销中心：0411-84707410　84708842　邮购及零售：0411-84706041

E-mail：dutp@dutp.cn　URL：https://www.dutp.cn

大连朕鑫印刷物资有限公司印刷　　大连理工大学出版社发行

幅面尺寸：185mm×260mm　　印张：18.75　　字数：456 千字

2010 年 4 月第 1 版　　2021 年 1 月第 2 版

2025 年 5 月第 4 次印刷

责任编辑：李　红　　责任校对：马　双

封面设计：张　莹

ISBN 978-7-5685-2746-0　　定　价：57.80 元

前言

《JavaScript 网页交互特效范例与技巧》(第二版)是新世纪高职高专教材编审委员会组编的计算机应用技术专业系列规划教材之一。

随着互联网应用的迅速发展,Web 应用开发技术已不再是高难技术,能够设计具有良好交互效果的网页,成了网站开发人员的必备能力。而 JavaScript 正是为 Web 页面添加各种交互效果的首选语言,如今 JavaScript 更为流行,它已从一种脚本语言,发展成为功能强大的程序设计语言,备受广大网站开发人员推崇和喜爱。

本教材在内容上,针对网页交互特效设计技术发展,分析初学者和专业设计人员的各自需求,在内容选取方面对二者进行了统筹兼顾,选择和编写了 71 个优秀范例。本次再版更新了第 10 章内容并增加了实例,既体现了 JavaScript 技术的最新发展,也关注其在网站开发项目中的应用特色和新颖程度。

本教材的目的是帮助初学者快速理解 JavaScript 语言结构等基础知识,学会开发高级的页面交互特效设计,并不断积累开发经验;针对有一定经验的中高级开发人员,则侧重学习交互特效高级范例应用的设计思路和程序设计技巧,学到最新技术,产生创新灵感,为他们提供相互学习、相互交流,分享编程经验和体会的平台。

本教材在撰写思路上做出大胆探索,避免长篇大论地单纯讲解,而是将知识学习与技术技能训练融入范例制作过程中,让学习者一直参与实践,实现在“学中做、做中学”;其次,通过与传统面向对象编程比较,给出了 JavaScript 面向对象程序设计特征的独特表达方式,简练地对其进行了讲解并提供有代表性的应用范例。本教材注重技能训练过程,既是学习又是实践。每个范例都包括设计效果、任务要求、设计思路、技术要点、程序代码编写、重点代码分析,以及任务拓展或技术拓展等。

本教材特别适合于应用技术型院校的学生,用于学习

Web 前端开发方面的专业课程或者选修课程使用。

通过任务驱动，从设计目标开始，本教材有针对性地引导学习者完成任务，使学习者轻轻松松学会如何将技术用于实践，同时掌握针对项目要求进行制作的方法。拓展部分也是一大特色，利用任务拓展或技术拓展让学习者对技术有更深入的理解，并体现出技术的灵活运用，十分有利于积累开发经验。通过这样一系列范例制作学习与训练，学习者最终掌握网页交互设计的实用技能和最新技术。

全书分为 10 章，包括 JavaScript 基础，精炼地介绍语言结构和基础知识，通过一些短小代码示例清楚地说明其用法，易于初学者学习；对象应用，提供了应用基础范例，学习如何在程序中应用 Date()、Sting()、Image()和 Style()对象等，并为后面复杂程序代码编写打下基础；动态栏效果，给出了在浏览器标题和状态栏区域内显示各种动态文字效果，同时带给用户以情趣；页面动态文字效果，学习如何让页面中文字鲜活地动起来，包括文字在单行文本框、多行文本框、以滤镜方式动态变化等；时间应用，提供在页面上呈现的各种时间和计时特殊效果；JavaScript 面向对象编程应用，是在基本掌握 JavaScript 基础上，重点讲解其独特的大部分人尚未知晓的面向对象程序设计；动态广告，给出新颖的展示信息变化或切换的效果；网页导航菜单，提供了各种灵活网页导航形式的菜单效果；动态位置变化效果，包括图片、图形或文字的位置随着鼠标操作而发生变化；jQuery 应用设计，是目前非常流行的 JavaScript 库技术，本章精简地地通过 5 个实例引导学到了主流应用技术。

在书由李云程撰写完成，参考了一些书籍和网上资料，笔者对相关作者表示最诚挚的谢意。

由于时间仓促、水平有限，编程算法和技巧、JavaScript 面向对象编程等还需不断探索和总结，书中难免存在错误和不妥之处，恳请各位专家和同行批评指正。

李云程

2021 年 1 月

所有意见和建议请发往：dutpgz@163.com
欢迎访问职教数字化服务平台：https://www.dutp.cn/sve/
联系电话：0411-84707492　84706104

目录

第 1 章 JavaScript 基础

学习 JavaScript 之前应该具备如下条件：

- 对 Internet 和万维网（WWW）有基本了解；
- 对超文本标记语言（HTML）有良好掌握。

本章基本要求：

- 了解 JavaScript 语言基本组成；
- 通过与已经学过的程序语言对比，理解 JavaScript 语言语法；
- 理解 JavaScript 面向对象编程。

1.1 JavaScript 概述

JavaScript 是 Web 项目开发中，使用最为广泛的脚本编程语言之一，能够处理相当多的任务。它既可以应用于 HTML 页面实现动态效果，也可以应用在服务器端完成数据库访问和文件读取等工作。但大多情况下用于动态网页中信息的控制、对表单数据的确认、创建复杂用户界面等 Web 页面交互设计及其页面特效。

1.1.1 JavaScript 的组成

JavaScript 是一种跨平台、具有面向对象编程特性的脚本语言。虽然它被更多地使用在浏览器上，但同样能够用于服务器端。JavaScript 语言可以分为三个部分：JavaScript 核心语言、JavaScript 客户端扩展、JavaScript 服务器端扩展。

1.JavaScript 核心语言

它的核心部分包括 JavaScript 基本语法：操作符、语句、函数和内置对象；JavaScript 内置对象：Array 对象、Date 对象和 Math 对象等。

2.JavaScript 客户端扩展

客户端运行的 JavaScript，在核心语言基础上扩展了控制浏览器对象和文档对象模型 DOM（Document Object Model）。客户端运行的 JavaScript 程序，将 JavaScript 核心语言部分和 JavaScript 客户端扩展结合起来，可以对页面上的对象进行控制，完成各种功能。

3.JavaScript 服务器端扩展

服务器端运行的 JavaScript，是在核心语言基础上扩展了在服务器上运行需要的对象。这些对象可以与关系数据库互连，可以对服务器上文件进行控制，可以在应用程序之间交换信息。服务器端运行的 JavaScript 应用程序，必须将 JavaScript 核心语言部分和 JavaScript 服务器端扩展结合起来。在服务器端使用 JavaScript，可以分为两个方面：

- Netscape 服务器端 JavaScript；
- 活动服务器页面 ASP 中 JavaScript 编写的脚本功能。

服务器端 JavaScript 的核心语法包括变量、数据类型、表达式、控制流程语句等，同客户端完全相同。但是，在运行于客户端和运行于服务器端的代码之间，会有很多差异。在应用于服务器端情况下，JavaScript 将在服务器上被解释甚至编译，其结果将作为一个标准的 Web 文档(HTML)被传送到 Web 浏览器。

1.1.2 JavaScript 的特点

JavaScript 是一种用来提高开发 Web 页面效果的脚本语言，它能够使 Web 页面具有更好的交互性，给网页信息添加各种动态的效果。它也是一种面向对象和事件驱动并具有安全性能的脚本语言。使用时将其嵌入 HTML 超文本标记语言内，实现网页上面向客户的各种增强效果。既可以对客户端数据进行操作，也可以对服务器端数据进行控制和调用。

虽然 Microsoft 启用了自己的服务器端脚本解决方案，即 ASP。但在实际面向 Web 开发中，仍然要使用 JavaScript 或 JScript 作为编写 ASP 应用程序的语言。在编写 JavaScript 的 ASP 代码的时候，用户可以用许多方式来告诉服务器运行一段脚本：

- 用 JavaScript 作为 ASP 语言，使用＜% %＞标签；
- 使用服务器端的 include；
- 用带 runat="server"属性的<script>标签来包含一段脚本。

前两种方法是传统用来在 HTML 页面内包含服务器端脚本的技术，最后一种是没用的方法，它的格式与客户端脚本一样。

1.JavaScript 是脚本语言

它采用小程序段方式与 HTML 结合起来实现编程，并且是一种脚本语言。它的基本程序结构形式与其他编程语言十分相似，所不同的是它无须编译，而是在 Web 浏览器内由解释器逐行解释执行。每次运行程序的时候，解释器都会把程序代码翻译为可执行的格式。所谓解释器，就是一个脚本引擎，它是浏览器的一部分。

JavaScript 语言，满足欧洲计算机制造商联合会(ECMA)制定的一个国际通用标准化版本 ECMAScript，目前是 ECMAScript 2.6。

2.JavaScript 面向对象的特性

在 Java 和 JavaScript 中，同样都要使用到对象，但 Java 是一种基于类的语言，编程时需要先定义类，定义类的属性和方法，使用时必须创建类的实例。而 JavaScript 是一种基于原型的语言，编程时并不区分类和实例，在使用对象时也不需要关心对象的所有属性和方法。因此，常把 JavaScript 称为基于对象的语言。

3.JavaScript 与 HTML

人们使用 JavaScript 编程，是为了控制 HTML 网页上所显示的信息或对象，所以 JavaScript 代码必须与 HTML 结合。在将 JavaScript 嵌入 HTML 网页时，必须使用<script>标签。

使用<script>标签的一般格式为：

```
<script>
    JavaScript 程序代码
</script>
```

其中<script>是 HTML 中的一种扩展标签，JavaScript 代码写在标签内。浏览器通过标签才能够识别并解释其中的 JavaScript 代码。例如：

```
<script>
    window.document.write("hello");//JavaScript 代码
</script>
```

程序运行结果是将 hello 写入(显示)在页面上。这里用到了 window 对象和 document 对象。window 对象是浏览器窗口的对象，window 对象之下有 HTML 的页面对象 document，document 对象有一个方法 write()，这个方法的功能就是将字符串写入当前页面中。

4.JavaScript 程序设计

在进行 JavaScript 程序设计时，JavaScript 程序可以嵌入在网页代码中的任何位置。通常是如下三种情况：

(1)将 JavaScript 程序放在网页中的<body> </body>主体部分。

示例 1-1　在页面上显示当前的日期：年、月、日。

```
<html>
<head>
<title>显示当前的日期</title>
</head>
<body>
今天是：
<script language="JavaScript">
    var today=new Date();                        //定义生成一个日期对象实例
    date=today.getDate();                        //利用日期对象的日、月、年方法获得数据
    month=today.getMonth();
    month=month+1;                               //实际月是所取得数据+1
    if(month<=9) month="0"+month;                //为所显示月设定两位数显示格式
    year=today.getFullYear();
    document.write(year,"-",month,"-",date);     //利用文件对象的写方法显示数据
</script>
</body>
</html>
```

(2)将 JavaScript 程序放在网页中的<head> </head>之间,使用一个 showdate()函数。然后在<body> </body>主体部分调用。

示例 1-2 在页面上显示当前的日期:年、月、日。

```
<html>
<head>
<title>显示当前的日期</title>
<script language="JavaScript">
  function showdate(){
    var today=new Date();
    date=today.getDate();
    month=today.getMonth();
    month=month+1;
    if(month<=9) month="0"+month;
    year=today.getFullYear();
    document.write(year,"-",month,"-",date);
  }
</script>
</head>
<body>
今天是:
<script language="JavaScript">
    showdate();
</script>
</body>
</html>
```

(3)将 showdate.js 文件保存在与 HTML 文件同一文件夹里,然后在<body> </body>主体部分进行调用。利用了外嵌式文件,使得网页程序更加简化。

示例 1-3 在页面上显示当前的日期:年、月、日。

```
<html>
<head>
<title>显示当前的日期</title>
</head>
<body>
今天是:
<script language="JavaScript" src="showdate.js"></script>
</body>
</html>
```

使用一个外嵌式".js"文件,即使用记事本编辑如下内容并保存为 showdate.js 文件。

```
var today=new Date();
date=today.getDate();
month=today.getMonth();
month=month+1;
if(month <=9) month="0"+month;
year=today.getFullYear();
document.write(year,"-",month,"-",date);
```

其实,脚本程序可以嵌入在 HTML 文件的任何位置。例如<head></head>标记的下面。

5.JavaScript 的应用范围

JavaScript 扩展了网页中的 HTML 功能,在网页设计中发挥重要作用。在实现网页设计的动态效果方面,JavaScript 可以用于:

- 页面修饰和特殊效果;
- 表单确认;
- 导航系统;
- 基本数学运算;
- 动态文档生成。

1.2 JavaScript 基本语法

1.2.1 程序结构

1. 基本结构

典型 JavaScript 程序如下:

```
<script language="JavaScript">
    JavaScript 语言代码(语句);
    JavaScript 语言代码;
    ....
</script>
```

说明:每一句 JavaScript 都有类似的格式:每个语句以分号";"结束。

语句块是用大括号"{ }"括起来的一个或 n 个语句。在大括号里边是几个语句,但是在大括号外边,语句块是被当作一个语句的。语句块是可以嵌套的,也就是说,一个语句块里边可以再包含一个或多个语句块。

示例 1-4 在页面上显示文字:"这是用文档对象输出文字"。

```
<html>
<head>
<script language="JavaScript">
  document.write("这是用文档对象输出文字");
  document.close();
</script>
</head>
<body>
</body>
</html>
```

说明:document.write()是文档对象 document 的输出函数,其功能是将括号中的字符或变量值输出到窗口;document.close()是将输出关闭。

可将<script>…</script>标识放入<head>…</head>或<body> …</body>之间。当 JavaScript 标识放置在<head>…</head>头部之间,会使之在主页和其余部分代码之前装载,从而使代码的功能更强大;将 JavaScript 标识放置在<body>…</body>主体之间,以实现某些部分动态地创建文档。

2.JavaScript 中的变量

只要编写程序,就少不了变量和语句。

变量是用来存储可变的量或不变的量。从编程角度讲,变量是用于存储某种数值的存储器。它所储存的值,可以是数字、字符或其他的一些东西。

要同时满足以下变量的命名要求:

- 只包含字母、数字和/或下划线;
- 要以字母开头;
- 不能太长;
- 不能与 JavaScript 保留字(JavaScript 命令的字都是保留字)重复。

注意:(1)变量是区分大小写的。

(2)命名变量时,最好用能清楚表达该变量在程序中的作用的词语。

变量如果是由多个单词组成的,那么,提倡第一个单词用小写,其他单词的第一个字母用大写。这与 JavaScript 的一些命令的命名是一致的。

程序代码编写时,声明变量的格式如下:

```
var 变量名称 [=值];
```

var 为保留字,用于声明局部变量。最简单的声明方法就是"var 变量名称;",这将为变量准备内存,给它赋初始值"null"。如果加上"=值",则给变量赋予自定义的初始值。

3.注释

在程序代码编写过程中,经常要使用注释给程序员提供解释性信息,用于提高程序的可读性。像其他编程语言一样，JavaScript 的注释在运行时也是被忽略的。

JavaScript 注释有两种：

- 单行注释。用双反斜杠“//”来标记，后面文字为注释。
- 多行注释。用“/ * ”和“ * /”括起来标记，标记之间可以是一行或多行文字。

提　示

如果程序需要草稿，或者需要让别人阅读，注释能帮上大忙。养成及时添加注释的习惯，能节省你和其他程序员的宝贵时间，使他们不用花费额外的时间琢磨你的程序。在程序调试的时候，有时需要把一段代码换成另一段，或者暂时不用一段代码，这时最忌用 Delete 键，如果还需要那段代码怎么办？最好还是用注释，把暂时不要的代码“隐”去，到确定方法以后再删除也不迟。

4.隐藏代码

编写 JavaScript 代码时，可以考虑在不兼容的 Web 浏览器中把 JavaScript 代码隐藏起来。如果 HTML 文档包含嵌入 JavaScript 代码而不是调用一个外部.js 源代码文件，那么不兼容的 Web 浏览器就会把代码当作标准的文本显示出来。因此，为了预防遇到不兼容的浏览器，就应该将嵌入的 JavaScript 代码隐藏。具体做法是：把<script>与</script>标签之间的某些代码段，使用 HTML 的注释以“<！ --”开始，以“-- >”结束，让所有位于注释标签之间的代码都不会被浏览器提交而显示，达到隐藏的目的。

1.2.2　JavaScript 的数据结构

JavaScript 语言同其他语言类似，有它自身的基本数据类型、表达式和算术运算符以及程序的基本结构。

1.基本数据类型

JavaScript 提供了四种基本数据类型，用来处理数字和文字。这四种基本数据类型是：

- 数值(整数和实数)；
- 字符串型(用""或''括起来的字符或数值)；
- 布尔型(使用 true 或 false 表示)；
- 空值。

JavaScript 的基本数据类型中，数据可以是常量，也可以是变量。由于 JavaScript 采用弱类型的形式，因而存放数据的变量或常量不必首先进行声明，而是在使用或赋值时确定其数据的类型。当然也可以先声明该数据的类型，它是通过在赋值时自动说明其数据类型的。

整型常量。又称字面常量，它是不能改变的数据。该常量可以使用十六进制、八进制和十进制表示其值。

实型常量。是由整数部分加小数部分表示，如 12.32、193.98。可以使用科学计数法或标准方法表示：5E7、4e5 等。

字符型常量。使用单引号(')或双引号(")括起来的一个或多个字符。如 "This is a book of JavaScript" "3245" "ewrt234234" 等。

布尔型。常用于判断，只有两个值可选：true（表“真”）和 false（表“假”）。true 和 false 是 JavaScript 的保留字。它们属于“常数”。

2.操作符

JavaScript 的操作符有赋值、比较、算术、位、逻辑、字符串和特殊操作符。下面描述操作符以及关于操作符优先级的一些信息。

JavaScript 所有操作符见表 1-1。

表 1-1　JavaScript 操作符

操作符分类	操作符	描　述
算术操作符	+	（加法）将两个数相加
	++	（自增）将表示数值的变量加 1（可以返回新值或旧值）
	−	（求相反数，减法）作为求相反数操作符时返回参数的相反数；作为二进制操作符时，将两个数相减
	−−	（自减）将表示数值的变量减 1（可以返回新值或旧值）
	*	（乘法）将两个数相乘
	/	（除法）将两个数相除
	%	（求余）求两个数相除的余数
字符串操作符	+	（字符串加法）连接两个字符串
	+=	连接两个字符串，并将结果赋给第一个字符串
逻辑操作符	&&	（逻辑与）如果两个操作数都是真，则返回真。否则返回假
	||	（逻辑或）如果两个操作数都是假，则返回假。否则返回真
	!	（逻辑非）如果其单一操作数为真，则返回假。否则返回真
位操作符	&	（按位与）如果两个操作数对应位都是 1，则在该位返回 1
	^	（按位异或）如果两个操作数对应位只有一个 1，则在该位返回 1
	|	（按位或）如果两个操作数对应位都是 0，则在该位返回 0
	~	（求反）反转操作数的每一位
	<<	（左移）将第一操作数的二进制形式的每一位向左移位，所移位的数目由第二操作数指定。右边的空位补零，忽略左边被移出的位（因算数左移和逻辑左移结果一样，故统称为左移）
	>>	（算术右移）将第一操作数的二进制形式的每一位向右移位，所移位的数目由第二操作数指定。空出的最高位补原来的符号位，忽略右边被移出的位
	>>>	（逻辑右移）将第一操作数的二进制形式的每一位向右移位，所移位的数目由第二操作数指定。忽略被移出的位，左边的空位补零
赋值操作符	=	将第二操作数的值赋给第一操作数
	+=	将两个数相加，并将和赋给第一个数
	−=	将两个数相减，并将差赋给第一个数
	*=	将两个数相乘，并将积赋给第一个数
	/=	将两个数相除，并将商赋给第一个数
	%=	计算两个数相除的余数，并将余数赋给第一个数
	&=	执行按位与，并将结果赋给第一个操作数
	^=	执行按位异或，并将结果赋给第一个操作数
	|=	执行按位或，并将结果赋给第一个操作数
	<<=	执行算术左移，并将结果赋给第一个操作数
	>>=	执行算术右移，并将结果赋给第一个操作数
	>>>=	执行逻辑右移，并将结果赋给第一个操作数

（续表）

操作符分类	操作符	描　述
比较操作符	＝＝	如果操作数相等，则返回真
	！＝	如果操作数不相等，则返回真
	＞	如果左操作数大于右操作数，则返回真
	＞＝	如果左操作数大于或等于右操作数，则返回真
	＜	如果左操作数小于右操作数，则返回真
	＜＝	如果左操作数小于或等于右操作数，则返回真
特殊操作符	？：	执行一个简单的“if...else”语句
	，	计算两个表达式，返回第二个表达式的值
	delete	允许删除一个对象的属性或数组中指定的元素
	new	允许创建一个用户自定义对象类型或内建对象类型的实例
	this	可用于引用当前对象的关键字
	typeof	返回一个字符串，表明未计算的操作数的类型
	void	该操作符指定了要计算一个表达式，但不返回值

（1）赋值操作符

赋值操作符会根据其右操作数的值给左操作数赋值。

最基本的赋值操作符是等号（＝），它会将右操作数的值直接赋给左操作数。也就是说，x＝y 将把 y 的值赋给 x。其他的赋值操作符都是标准操作的缩略形式，列在表 1-2 中。

表 1-2　　赋值操作符

<table>
<tr><th>缩写操作符</th><th>含义</th></tr>
<tr><td>x＋＝y</td><td>x＝x＋y</td></tr>
<tr><td>x －＝y</td><td>x＝x － y</td></tr>
<tr><td>x ＊＝y</td><td>x＝x ＊ y</td></tr>
<tr><td>x /＝y</td><td>x＝x / y</td></tr>
<tr><td>x ％＝y</td><td>x＝x ％ y</td></tr>
<tr><td>x＜＜＝y</td><td>x＝x＜＜y</td></tr>
<tr><td>x ＞＞＝y</td><td>x＝x ＞＞ y</td></tr>
<tr><td>x ＞＞＞＝y</td><td>x＝x ＞＞＞ y</td></tr>
<tr><td>x ＆＝y</td><td>x＝x ＆ y</td></tr>
<tr><td>x ^＝y</td><td>x＝x ^ y</td></tr>
<tr><td>x |＝y</td><td>x＝x | y</td></tr>
</table>

（2）比较操作符

所谓比较操作符，就是会比较其两边的操作数，并根据比较结果为真或假返回逻辑值。操作数可以是数值或字符串值。如果使用字符串值的话，比较是基于标准的字典顺序。

相关内容列在表 1-3 中。对于该表中的示例，我们假定 var1 被赋予值 3，而 var2 被赋予值 4。

表 1-3　　比较操作符

操作符	描　述	返回真的例子
==(相等)	如果操作数相等,则返回真	3==var1
!=(不等)	如果操作数不等,则返回真	var1!=4
>(大于)	如果左操作数大于右操作数,则返回真	var2 > var1
>=(大于或等于)	如果左操作数大于或等于右操作数,则返回真	var2 >=var1 var1 >=3
<(小于)	如果左操作数小于右操作数,则返回真	var1<var2
<=(小于或等于)	如果左操作数小于或等于右操作数,则返回真	var1<=var2 var2<=5

(3)算术操作符

将给定数值(常量或变量)进行特定的计算,并返回一个数值。

标准的算术操作是加(+)、减(—)、乘(*)、除(/)四则运算。这些操作符与在其他编程语言中的作用一样。

①%(取余)

取余操作符用法如下:

var1 % var2

取余运算符将返回第一个操作数除以第二个操作数的余数。对于上面的例子来说,将返回 var1 变量除以 var2 变量的余数。更具体的例子是,12 % 5 将返回 2。

②++(自增)

自增操作符用法如下:

var++或++var

该自增操作符将自增操作数(自己加上 1)并返回一个值。如果写在变量后面(如 x++),将返回自增前的值。如果写在变量前面(如++x),将返回自增后的值。

例如,如果 x 是 3,那么语句 y=x++先将 y 赋值 3,再将 x 自增为 4。相反,语句 y=++x 先将 x 自增为 4,再将 y 赋值 4。

③——(自减)

自减操作符用法如下:

var—— 或 ——var

该自减操作符将自减操作数(自己减去 1)并返回一个值。如果写在变量后面(如 x——),将返回自减前的值。如果写在变量前面(如 ——x),将返回自减后的值。

例如,如果 x 是 3,那么语句 y=x—— 先将 y 赋值 3,再将 x 自减为 2。相反,语句 y=——x 先将 x 自减为 2,再将 y 赋值 2。

④—(求相反数)

求相反数操作将取得操作数的相反数。例如,y=—x 把 x 相反数的值赋给 y;也就是说,如果 x 是 3,y 就会获得 —3,而 x 还是 3。

(4)位操作符

执行位操作时，操作符会将操作数看作一串二进制数(1 和 0)，而不是十进制、十六进制或八进制数字。例如，十进制的 9 就是二进制的 1001。位操作符在执行的时候会以二进制形式进行操作，但返回的值仍是标准的 JavaScript 数值。JavaScript 位操作符总览见表 1-4。

表 1-4　位操作符

操作符	用　法	描　述
&(按位与)	a & b	如果两个操作数对应位都是 1，则在该位返回 1
|(按位或)	a | b	如果两个操作数对应位都是 0，则在该位返回 0
^(按位异或)	a ^ b	如果两个操作数对应位只有一个 1，则在该位返回 1
～(求反)	～ a	反转操作数的每一位
<<(左移)	a<<b	将 a 的二进制形式左移 b 位。右边的空位补零
>>(算术右移)	a >> b	将 a 的二进制形式右移 b 位。忽略右边被移出的位
>>>(逻辑右移)	a >>> b	将 a 的二进制形式右移 b 位。忽略被移出的位，左侧补入 0

- 位逻辑操作符

从原理上讲，位逻辑操作符的工作流程是：将操作数转换为 32 位的整型数值并用二进制表示。

第一操作数的每一位与第二操作数的对应位配对：第一位对第一位，第二位对第二位，以此类推。

对每一对位应用操作符，最终结果按位组合起来。

例如：9 的二进制表示为 1001，15 的二进制表示为 1111。所以如果对这两个数应用位逻辑操作符，结果应该是：

15 & 9 结果为 9(1111 & 1001=1001)

15 | 9 为 15(1111 | 1001=1111)

15 ^ 9 为 6(1111 ^ 1001=0110)

- 移位操作符

移位操作符需要两个操作数：第一个是要进行移位的数值，第二个指定要对第一个数移位的数目。移位的方向由使用的操作符决定。

移位操作符把两个操作符转换为 32 位整型数值，并返回与左操作数类型相同的结果。

<<(左移)

该操作符把第一个操作数向左移若干位。移出的位将被忽略。右侧空位补零。

例如，9<<2 结果为 36，因为 1001 向左移两位变成 100100，这是 36。

>>(算术右移)

该操作符把第一个操作数向右移若干位。移出的位将被忽略。左侧的空位补上与原来最左面位相同的值。

例如，9>>2 结果为 2，因为 1001 右移两位变成 1110，这是 2。反之，-9>>2 结果为 -3，因为要考虑到符号位。

>>>(逻辑右移)

该操作符将把第一个操作数向右移若干位。移出的位将被忽略。左侧的空位补零。

例如,19>>>2 结果为 4,因为 10011 右移两位变成 00100,这是 4。对于非负数,算术右移和逻辑右移结果相同。

(5)逻辑操作符

逻辑操作符用 boolean 值(布尔逻辑值)作为操作数,并返回 boolean 值。逻辑操作符描述见表 1-5。

表 1-5　逻辑操作符

操作符	用　法	描　述
与(&&)	expr1 && expr2	如果 expr1 为假则返回之,否则返回 expr2
或(||)	expr1 || expr2	如果 expr1 为真则返回之,否则返回 expr2
非(!)	! expr	如果 expr 为真则返回假,否则返回真

示例 1-5　逻辑操作符应用。

考虑下面的脚本程序代码段:

```
<script language="JavaScript1.2">
  v1="猫";
  v2="狗";
  v3=false;
  document.writeln("t && t 返回 "+(v1 && v2));
  document.writeln("f && t 返回 "+(v3 && v1));
  document.writeln("t && f 返回 "+(v1 && v3));
  document.writeln("f && f 返回 "+(v3 &&(3==4)));
  document.writeln("t || t 返回 "+(v1 || v2));
  document.writeln("f || t 返回 "+(v3 || v1));
  document.writeln("t || f 返回 "+(v1 || v3));
  document.writeln("f || f 返回 "+(v3 ||(3==4)));
  document.writeln("! t 返回 "+(! v1));
  document.writeln("! f 返回 "+(! v3));
</script>
```

该段程序代码运行后,将显示下列内容:

```
t && t 返回 狗
f && t 返回 false
t && f 返回 false
f && f 返回 false
t || t 返回 猫
f || t 返回 猫
t || f 返回 猫
```

f || f 返回 false

! t 返回 false

! f 返回 true

简化计算：由于逻辑表达式是从左到右计算的，计算机自然不会真的将全部表达式都计算一遍，它会按照下面的规则简化计算：

false && 任何值都会被简化计算为 false。

true || 任何值都会被简化计算为 true。

逻辑运算的简化原则保证逻辑运算本身总是正确的。

注意：如果使用了简化规则，那么被简化掉的表达式就不会进行计算，所以也就不会起到它应起的作用。

(6)字符串操作符

除了比较操作符，可应用于字符串的操作符还有连接操作符"+"，它会将两个字符串连接在一起，并返回连接的结果。例如，"my"+"string"将返回字符串"mystring"。

组合赋值操作符+=也可用于连接字符串。例如，如果变量 mystring 的值为"alpha"，表达式 mystring+="bet" 将计算出"alphabet"并将其赋给 mystring。

(7)特殊操作符

①? :(条件操作符)

条件操作符是 JavaScript 所有操作符之中唯一需要三个操作数的。该操作符通常用于取代简单的 if 语句。

语法：

condition ? expr1 : expr2

参数说明：

condition	计算结果为 true 或 false 的表达式
expr1，expr2	任意类型值的表达式

描述：

如果 condition 为真，该操作符将返回 expr1 的值；否则返回 expr2 的值。

例如，要根据 isMember 变量的值显示不同的信息，可以使用此语句：

```
document.write("收费为 "+(isMember ? "$2.00" : "$10.00"))
```

②,(逗号操作符)

逗号操作符非常简单，它会依次计算两个操作数并返回第二个操作数的值。

语法：

expr1，expr2

参数说明：

expr1，expr2	任意表达式

描述：

想要在只能填入一个表达式的地方写入多个表达式时，使用逗号操作符。该操作符最常见的用途是在 for 语句中使用多个变量作为循环变量。

例如，假定 a 是一个 10×10 的二维数组，下面的代码将使用逗号操作符一次自增两个变量。结果是打印出该数组副对角线上的元素：

```
for(var i=0, j=10; i<=10; i++, j--)
  document.writeln("a["+i+","+j+"]="+a[i,j])
```

③delete 操作符

delete 操作符用于删除一个对象的属性或者数组中特定位置的元素。

语法:

delete objectName.property

delete objectName[index]

delete property

参数:

objectName　　对象的名称

属性　　已有的属性

index　　一个整型数值,表明了要删除的元素在数组中的位置

第三种格式只在 with 语句中合法。如果删除成功,delete 操作符将把属性或元素设为 undefined(未定义)。delete 总是返回 undefined。

④new 操作符

new 操作符用于创建用户自定义对象类型,或者拥有构造函数的内建对象类型的实例。

语法:

objectName=new objectType(param1 [,param2] ...[,paramN])

参数:

objectName　　新对象实例的名称

objectType　　对象类型,它必须是一个定义对象类型的函数

param1,...,paramN　　对象的属性值,这些属性是 objectType 函数的参数

创建一个用户自定义对象。创建需要两个步骤:

①通过一个函数定义一种对象类型。

②用 new 创建一个该对象的实例。

要定义一个对象类型,需要为该对象创建一个指定名称、属性和方法的函数。一个对象的属性可以是其他类型的对象。请参看下面的例子。

可以向已经定义的对象中添加属性。例如,car1.color="black" 将给 car1 添加一个名为 color 的属性,并给其赋值"black"。不过这对其他任何对象并没有什么作用。要给同一类型的所有对象都添加一个新的属性,就必须向 car 对象类型的定义中添加属性。

可以使用 function.prototype 属性,向先前定义的对象类型中添加属性。这将定义一个被所有由该函数创建的对象共享的属性,而不只是一个对象类型实例。下面的代码将为所有 car 类型的对象添加一个 color 属性,然后为对象 car1 的 color 属性赋值。更多信息,请参阅有关 prototype。

car.prototype.color=null

car1.color="black"

示例 1-6　创建一个 car 对象的实例 mycar。

对象类型和对象实例。假设想要创建一个汽车使用的对象类型。这个对象类型叫作

car，有属性 make、model 和 year。要完成这么多事情，需要编写如下的函数：

```
function car(make, model, year){
    this.make=make
    this.model=model
    this.year=year
}
```

现在就可以用下面的方法创建一个叫作 mycar 的对象了：

```
mycar=new car("Eagle", "Talon TSi", 1993)
```

该语句创建了 mycar 并将其属性赋了指定的值。也就是说，mycar.make 的值是字符串“Eagle”，mycar.year 是整型数 1993，等等。

使用 new 可以创建任意多个 car 对象。如，

```
kenscar=new car("Nissan", "300ZX", 1992)
```

示例 1-7 定义对象的属性。

对象属性就是另外一个对象。假设按照下面代码定义了一个叫作 person 的对象类型：

```
function person(name, age, sex){
    this.name=name;
    this.age=age;
    this.sex=sex;
}
```

然后创建了两个新的 person 实例：

```
rand=new person("Rand McNally", 33, "M");
ken=new person("Ken Jones", 39, "M");
```

现在可以重写 car 的定义，以便包含一个 person 对象作为 owner 属性表明车主：

```
function car(make, model, year, owner){
    this.make=make;
    this.model=model;
    this.year=year;
    this.owner=owner;
}
```

要创建一个新对象的实例，可以使用下面的代码：

```
car1=new car("Eagle", "Talon TSi", 1993, rand);
car2=new car("Nissan", "300ZX", 1992, ken);
```

注意：我们在创建对象的时候并没有给出一个常量字符串或者一个整型值，而是传递了对象 rand 和 ken 作为 owner 的参数。要找出 car2 车主的名字的方法是：

```
car2.owner.name
```

⑤this 操作符

this 操作符用于引用当前对象，通常情况下，方法中的 this 指调用它的对象。

语法：

this[.propertyName]

假定有一个叫作 validate 的函数可以校验对象的 value 属性是否在指定的上下限之间：

```
function validate(obj, lowval, hival){
if((obj.value<lowval)||(obj.value > hival))
  alert("无效数据 e!");
}
```

可以在每个窗体元素的 onChange 事件句柄中调用 validate，只需按照下面的格式传递 this 作为参数就行了：

```
<B>请输入 18 到 99 之间的数值：</B>
<INPUT TYPE="text" NAME="age" SIZE=3 onChange="validate(this, 18, 99)">
```

⑥typeof 操作符

typeof 操作符用法格式如下：

typeof operand

typeof(operand)

typeof 操作符将返回一个字符串，表明待计算的 operand 操作数是什么类型的。operand 是一个要返回类型的字符串变量、关键字或者对象。圆括号可选。

假设定义了下面的变量：

```
var myFun=new Function("5+2");
var shape="round";
var size=1;
var today=new Date();
```

typeof 操作符将返回下面的值：

```
typeof myFun is object
typeof shape is string
typeof size is number
typeof today is object
typeof dontExist is undefined
```

对于关键字 true 和 null，typeof 操作符返回下面的结果：

```
typeof true is boolean
typeof null is object
```

对于数值或字符串，typeof 操作符返回下面的结果：

```
typeof 62 is number
typeof 'Hello world' is string
```

对于属性值，typeof 操作符返回属性所含值的类型：

```
typeof document.lastModified is string
typeof window.length is number
typeof Math.LN2 is number
```

对于方法和函数，typeof 操作符返回下面的结果：

```
typeof blur is function
typeof eval is function
typeof parseInt is function
typeof shape.split is function
```

对于预定义对象，typeof 操作符返回下面的结果：

```
typeof Date is function
typeof Function is function
typeof Math is function
typeof Option is function
typeof String is function
```

⑦void 操作符

void 操作符用法格式如下：

javascript:void(expression)

javascript:void expression

void 操作符指定要计算一个表达式，但是不返回值。expression 是一个要计算的 JavaScript 标准的表达式。表达式外侧的圆括号是可选的，但是写上去是一个好习惯。可以使用 void 操作符指定超级链接。表达式会被计算，但是不会在当前文档处装入任何内容。

下面的代码创建了一个超级链接，当用户单击以后不会发生任何事。当用户单击链接时，void(0)计算为 0，但在 JavaScript 上没有任何效果。

```
<A Href="javascript:void(0)">单击此处什么也不会发生</A>
```

下面的代码创建了一个超级链接，用户单击时会提交表单。

```
<A Href="javascript:void(document.form.submit())">单击此处提交表单</A>
```

3.表达式

与数学中的定义相似，表达式是指用运算符把常数和变量连接起来的代数式。一个表达式可以仅包含一个常数或一个变量。

编写程序代码中定义变量，用来完成某种特定任务。编写完成任务的程序，就是对它们进行赋值、改变、计算等一系列操作，这一过程通常通过表达式来完成。可以说它是变量、常量、布尔及运算符的集合，因此表达式可以分为算术表述式、字符串表达式、赋值表达式以及布尔表达式等。

1.3 JavaScript 程序基本构成

JavaScript 脚本语言是通过控制语句、函数、对象、方法、属性等来实现编程。

1.3.1 JavaScript 程序设计

1.JavaScript 程序设计中用到的关键字

JavaScript 语句由关键字和相应的语法构成。这里先介绍用到的关键字，见表 1-6。

表 1-6 JavaScript 关键字

关键字	描 述
break	该语句用于结束当前的 while 或 for 循环,并将程序控制权交给循环后面的语句
continue	该语句用于中止 while 或 for 循环中一块语句的执行,并直接执行下一次循环
delete	删除一个对象的属性或数组中的一个元素
do...while	一直执行其中包含的语句,直到测试条件为假。内含语句至少被执行一次
export	允许一个签字的脚本向其他签字或未签字的脚本提供属性、函数和对象
for	该语句用于创建由三个可选表达式组成的循环,用分号隔开,外面包有圆括号,后面跟着一块将要在循环中执行的语句
for...in	该语句用于遍历一个对象的所有属性的特定变量。对于每个属性,JavaScript 都将执行特定的语句
function	该语句用于声明一个带有指定参数的 JavaScript 函数。可以接受的参数包括字符串、数值和对象
if...else	该语句用于在指定条件为真的情况下执行一段语句。如果条件为假的话,则可执行另外一段语句
import	允许脚本引入其他签字脚本已经导出的属性、函数和对象
labeled	提供一个表示符,和 break 或 continue 一起使用可标明程序应该继续执行的流程
return	该语句用于指定函数的返回值
switch	允许程序计算一个表达式,并试图将表达式的值与某个 case 标签匹配
var	该语句用于声明变量,可选赋初值
while	该语句用于创建一个计算某表达式的循环,如果该表达式为真的话,则持续执行一块语句
with	该语句用于为一段语句建立缺省的对象

2.程序控制

在任何一种语言编程中,程序控制是必需的。它能使得整个程序顺利按照一定的目的执行,最后达到目标,完成任务。下面学习 JavaScript 常用的程序控制结构及语句。

(1)if 条件语句

基本格式:

```
if(关系表达式)
  语句段 1;
  ......
else
  语句段 2;
  .....
```

功能:若关系表达式为 true,则执行语句段 1;否则执行语句段 2。

说明:if ... else 语句是 JavaScript 中最基本的控制语句,通过它可以改变语句的执行顺序。表达式中必须使用关系语句来实现判断,它是作为一个布尔值来估算的。它将零和非零的数分别转化成 false 和 true。若 if 后的语句有多行,则必须使用花括号将其括起来。

if 语句的嵌套：

```
if(布尔值)语句 1;
else if(布尔值)语句 2;
else if(布尔值)语句 3;
……
else 语句 4;
```

在这种情况下，每一级的布尔表达式都会被计算，若为真，则执行其相应的语句，否则执行 else 后的语句。

(2)for 循环语句

for 循环语句的作用是重复执行＜语句＞，直到＜循环条件＞为 false 为止。

基本格式：

```
for(初始化;条件;增量)
//初始化为:<变量>=<初始值>
//条件为:循环条件
//增量为:变量累加方法
```

语句集；

功能：实现条件循环，当条件成立时，执行语句集，否则跳出循环体。

> 说明：初始化告诉循环的开始位置，必须赋予变量的初值；条件，是用于判别循环停止时的条件。若条件满足，则执行循环体，否则跳出。增量，主要定义循环控制变量在每次循环时按什么方式变化。三个主要语句之间，必须使用分号分隔。

(3)while 循环

基本格式：

```
while(条件)
语句集;
```

该语句与 for 语句一样，当条件为真时，重复循环，否则退出循环。for 与 while 两种语句都是循环语句，使用 for 语句在处理有关数字时更易看懂，也较紧凑；而 while 循环对复杂的语句效果更好。

(4)break 和 continue 语句

有时候在循环体内，需要立即跳出循环或跳过循环体内其余代码而进行下一次循环。break 和 continue 可以帮助我们完成这项工作。

例如：

```
for(i=1; i<10; i++){
    if(i==3 || i==5 || i==8)continue;
    document.write(i);
}
```

输出：124679

(5)switch 语句

如果要把某些数据分类，例如，要把学生的成绩按优、良、中、差分类，我们可能会先考虑使用 if 语句。

例如：

```
if(score >=0 && score<60){
    result="fail";
}
else if (score<80){
    result="pass";
}
else if (score<90){
    result="good";
}
else if (score<=100){
    result="excellent";
}
else {
    result="error";
}
```

看起来没有问题，但使用太多的 if 语句，程序看起来有些乱。而 switch 语句是解决这类问题的最好方法。

例如：

```
switch(e){
    case r1:(注意:冒号)
    ...
    [break;]
    case r2:
    ...
    [break;]
    ...
    [default:
    ...]
}
```

该段程序的作用是，计算 e 的值(e 为表达式)，然后跟下边“case”后的 r1、r2…… 比较，当找到一个等于 e 的值时，就执行该“case”后的语句，直到遇到 break 语句或 switch 段落结束(“}”)。如果没有一个值与 e 匹配，那么就执行“default:”后边的语句，如果没有 default 块，switch 语句结束。

若将前面的 if 程序段改用 switch 语句，则应改写为：

```
switch(parseInt(score / 10)){ //其中 parseInt()方法后面将会介绍，作用是取整。
    case 0:
    case 1:
    case 2:
    case 3:
    case 4:
    case 5:result="fail";
        break;
    case 6:
    case 7:result="pass";
        break;
    case 8:result="good";
        break;
    case 9:result="excellent";
        break;
    default:
    if(score==100)
        result="excellent";
    else
        result="error";
}
```

1.3.2 函　数

函数为程序设计人员完成特定任务提供了方便。通常在进行复杂的程序设计时，总是根据所要完成的功能，将程序划分为一些相对独立的部分，每部分可以定义成为一个函数。各部分充分独立，任务单一，程序清晰，易懂、易读、易维护。JavaScript 函数可以封装那些在程序中可能要多次用到的模块，也可作为事件驱动的结果而调用的程序，从而实现函数与事件驱动相关联。这是与其他语言不一样的地方。

1.JavaScript 函数定义

```
function 函数名(参数，变元){
    函数体;
    return 表达式;
}
```

说明：当调用函数时，所用变量可作为变元传递。
函数由关键字 function 定义。
函数名：定义自己函数的名字。函数名对大小写是敏感的。
参数表是传递给函数使用或操作的值，其值可以是常量、变量或其他表达式。
通过指定函数名(实参)来调用一个函数。
必须使用 return 将值返回。

2.函数中的形式参数

在函数的定义中，常常看到函数名后有参数表，这些参数变量可能是一个或几个。那么怎样才能确定参数变量的个数呢？在 JavaScript 中可通过 arguments .length 来检查参数的个数。例：

```
function function_Name(exp1,exp2,exp3,exp4)
Number=function _Name . arguments .length;
if(Number>1)
document.write(exp2);
if(Number>2)
document.write(exp3);
if(Number>3)
document.write(exp4);
...
```

1.3.3 对　象

虽然 JavaScript 语言是基于对象的，但它具有面向对象的特性。随着 JavaScript 在 Web 中应用的深入，程序代码编写时也经常用到面向对象编程。它可以根据需要创建自己的对象，从而进一步扩大 JavaScript 的应用范围，编写功能强大的 Web 文档。

在 JavaScript 程序编写过程中，使用的是对象的实例，而非对象本身。对象和对象实例的关系就好像人类与具体某个人的关系一样。

JavaScript 中的对象是由属性(properties)和方法(methods)两个基本元素构成。前者是对象在实施其所需要行为的过程中，实现信息的装载单位与变量相关联；后者是指对象能够按照设计者意图而被执行的行为，与特定的函数关联。

在编程中要真正地使用对象，可采用以下几种方式：

- 引用 JavaScript 内置对象；
- 引用浏览器环境中提供的对象；
- 创建新对象。

这就是说一个对象在被引用之前，这个对象必须存在，否则引用将毫无意义，会出现错误信息。

1. JavaScript 内置对象属性和方法

(1)内置 String 对象

String 对象是 JavaScript 的核心对象之一。

创建一个 String 对象：

```
var stringname="This defines a string object.";
或 var stringname=new String("This defines a string object.");
```

String 对象的属性：length 和 prototype。

例如：

```
stringname.length;//给出字符串 stringname 中字符的个数
```

而 prototype 属性则是用来增加属性和方法。

String 对象的主要方法：

charAt(index)：返回一个 String 对象中由 index(整数字符最左为 0)指定位置的字符。

indexOf()：其一用法 indexOf(character)返回要查找字符在字符串中的位置；其二用法 indexOf(character,num)从标号 num 开始查找。

lastIndexOf()：从字符串的右侧开始查找特定字符在字符串中的位置。

substring(startNum,endNum)：返回两个标号之间的字符串。

toString()方法：返回字符串的值。

valueOf()方法：与 toString()方法功能相同。

toLowerCase()：将字符串里的所有字母改成小写。

toUpperCase()：将字符串里的所有字母改成大写。

contact()：把两个字符串合并到一起。

(2)Array 数组对象

在 JavaScript 中没有数组这个数据类型，数组功能是通过使用数组对象来实现。Array 这个内置对象用来创建一个数组并实现对数组的管理。

声明一个数组有三种方法：

①var arrayname=new Array()；//定义一个长度不确定的数组，然后定义一个确定的数组元素 arrayname[9]="";此时告诉程序数组元素截止于 arrayname[9]。这样定义的好处是可以随时动态修改数组长度，需要时再定义更大下标的数组元素，如 arrayname[20]="abc";

②var arrayname=new Array(10)；//定义一个固定长度的数组，然后再定义具体的数组元素值。

③var animal=new Array("tiger","monkey","horse")；

//创建数组对象的同时对每一个数组元素赋值。即 animal[0]="tiger";等等。

Array 数组对象的主要属性和方法：

length 属性，用于获取和修改数组元素的个数。如 i=arrayname.length；arrayname.length=3;等等。

contcat 方法，将传送的参数值增加到当前数组的后面。

(3)日期时间 Date()对象

该内置对象用于创建一个日期时间对象实例，显示相关信息。例如：

var newDate=new Date();

Date 对象方法：

getFullYear(),获得当前的年份；

getMonth(),获得当前的月份；

getDate(),获得当前日期为几号；

getHours(),获得当前的小时数；

getMinutes(),获得当前的分钟数；

getSeconds(),获得当前的秒数。

将上面的 get 改为 set,则为设置当前的日期与时间方法。

(4)数学对象 Math

数学对象也是内置对象,其调用方式如下：

Math.数学函数名称(参数)

主要函数：

sin(a),求 a 的正弦值；

cos(a),求 a 的余弦值；

tan(a),求 a 的正切值；

asin(a),求 a 的反正弦值；

exp(a),求 a 的指数值；

round(a),对 a 进行四舍五入运算；

sqrt(a),求 a 的平方根；

abs(a),求 a 的绝对值；

random(),取随机数；

max(a,b),取 a 和 b 中的较大数；

min(a,b),取 a 和 b 中的较小数。

2. 浏览器环境提供对象

(1)document 对象

document 对象是文档对象模型 DOM,属于 JavaScript 客户端扩展部分,由浏览器环境提供。当用户在浏览器中打开一个页面时,浏览器就会自动创建一些对象。例如 window 对象、document 对象、location 对象、navigator 对象和 history 对象等。其中 window 对象的层次最高,是其余对象的父对象。

document 对象属性：

title：文档标题。document.title="Welcome"；

lastModified：文档最后修改时间。

URL：文档对应的页面地址。

cookie：创建和获得信息 Cookie。

bgColor：文档背景色。

fgColor：文档前景色。

location：保存文档所有的页面地址信息。

alinkColor：激活链接的颜色。

linkColor：链接的颜色。

vlinkColor：已浏览过的链接颜色。

document 对象方法：

write(text)：向页面内写文本(不换行)。

writeln(text)：向页面内写文本(换行)。

open()：打开当前文档，允许写入数据流。

close()：关闭当前文档。

通常在使用 write()方法写入信息时，省略 open()、close()两个方法。

(2)location 对象

该对象包含前网页的 URL 地址。使用它可以对地址进行分析，并能够将浏览器导航到指定地址。

完整的 URL 地址为：

协议名称://主机名称:端口号/页面路径#页面内锚标？搜索信息

例如：http://www.myweb.com:80/welcome/index.htm#section3，运用该对象能够分析这个地址的各个组成部分。

location 对象属性：

protocol：通信采用的协议。

host：页面所在服务器的主机名。

port：服务器通信的端口号。

pathname：页面在服务器上的路径。

hash：页面中有页面内跳转的锚标信息。

search：提交到服务器上进行搜索的信息。

hostname：记录主机名称和端口号，中间用":"分开。

href：完整的 URL 地址。

location 对象方法：

assign(URL)：将页面导航到另外一个地址上去。location.assign("http://www.myweb.com/index.htm")

reload()：将页面全部刷新。

replace(URL)：使用指定 URL 代替当前页面。

(3)window 对象

window 对象在 JavaScript 浏览器对象中位于最高层，具有唯一性。而其他浏览器对象都是它的子对象。只要浏览器窗口打开，就会建立 window 对象。

一般情况下，所有脚本操作都是假设在当前窗口中进行的，所以在调用 window 对象的方法和引用其属性时，可以省略其对象名称的引用。

例如：

```
window.alert();//调用警告提示窗口
```

可以简写为：

```
alert();
```

window.document.write()也可以简写为 document.write()。

window 对象属性：

defaultStatus 和 status，前者是在浏览器窗口下面的状态栏中缺省显示的信息，后者的属性值是状态栏中当前显示的信息。

window 对象方法：

open(网页地址，窗口名称，窗口风格)，可以打开一个新窗口并且指定其风格。包括是否带有工具栏、地址栏、目录按钮栏、状态栏、菜单栏和滚动条等，通过设置 yes 或 no 来确定。

例如：

```
var myWindow=window.open("hello.htm",null,"height=400, width=400,toolbar=yes, location=yes,directories=yes,status=no,menubar=no, scroolbars=no");
close() // 关闭一个窗口
```

例如：

```
myWindow.close();//关闭标记为 myWindow 的浏览器窗口
```

alert(字符串)，弹出一个警告提示框窗口，内容为其中的字符串。

例如：

```
alert("新年好!!");//在警告提示窗口显示"新年好!!"
```

confirm(字符串)，弹出一个确认框，信息为其中的字符串。该方法执行后返回一个布尔值，被确认，返回 true，被取消，返回 false。

例如：

```
if(confirm("Are you sure to commit?")){
    //完成提交确认的操作语句
}
```

prompt(字符串)，弹出一个输入框，其提示信息是括号中的字符串。如果用户修改文本框内的文本后单击确定，则返回所输入的字符串，如果单击取消，会返回 null。

例如：

```
var wordName=prompt("Please input your name:","Tom");
```

(4)IE 浏览器中的 event 对象及其各种属性

在该浏览器中 JavaScript 提供了一个 event 对象，通过它可以对页面上所发生的鼠标和键盘事件进行处理。例如，应用中可以通过 JavaScript 的 event 对象编程，获得鼠标指针的坐标值。

event 对象常用属性包括：

clientX，其值为一个整数。鼠标位置相对于页面左上角的横坐标；

clientY，其值为一个整数。鼠标位置相对于页面左上角的纵坐标；

screenX，其值为一个整数。鼠标位置相对于浏览器整个屏幕左上角的横坐标；

screenY，其值为一个整数。鼠标位置相对于浏览器整个屏幕左上角的纵坐标；

button，其值为整数 1 或 2。当用户单击鼠标后，若该属性值为 1，表示单击了左键；若为 2，则单击了右键；

keyCode，其值是一个字符的 ASCII 码。在浏览器中用户按下键盘上某键后，该属性值即为相应的 ASCII 码。

例如：

```
xpos=event.clientX; //获取鼠标光标的 x 坐标
ypos=event.clientY;//获取鼠标光标的 y 坐标
```

在 JavaScript 中，对象事件的处理通常由函数(function)完成。其语法格式与函数完全一样，可以将前面所介绍的所有函数作为事件处理程序。

格式如下：

```
function 事件处理名(参数表){
    事件处理语句集；
    ……
}
```

事件驱动。JavaScript 事件驱动中的事件是通过鼠标或热键的动作引发的。它主要有以下几个事件：

- 单击事件 onClick
- 改变事件 onChange
- 选中事件 onSelect
- 获得焦点事件 onFocus
- 失去焦点事件 onBlur
- 载入文件事件 onLoad
- 卸载文件事件 onUnload

单击事件 onClick。当用户单击鼠标按钮时，产生 onClick 事件。同时 onClick 指定的事件处理程序或代码将被调用执行。通常在下列基本对象中产生：

- button(按钮对象)
- checkbox(复选框)
- radio(单选钮)
- reset button(重置按钮)
- submit button(提交按钮)

例如：可通过下列按钮激活 change()文件：

```
<Form>
<Input type="button" Value=" " onClick="change()">
</Form>
```

在 onClick 等号后，可以使用自己编写的函数作为事件处理程序，也可以使用 JavaScript 中的内部函数，还可以直接使用 JavaScript 的代码等。例：

```
<Input type="button" value=" " onClick=alert("这是一个例子")>
```

改变事件 onChange。当利用 text 或 textarea 元素输入的字符值改变时引发该事件，同时，当 select 表格项中一个选项状态被改变时也会引发该事件。

例如：

```
<Form>
<Input type="text" name="Test" value="Test" onChange="check(this.Test)">
</Form>
```

选中事件 onSelect。当 text 或 textarea 对象中的文字被加亮时，引发该事件。

获得焦点事件 onFocus。当用户单击 text 或 textarea 以及 select 对象时，引发该事件。此时该对象成为前台对象。

失去焦点事件 onBlur。当 text 或 textarea 以及 select 对象不再拥有焦点而退到后台时，引发该文件，它与 onFocus 事件是一种对应的关系。

载入文件事件 onLoad。当文档载入时，产生该事件。onLoad 的作用就是在首次载入一个文档时检测 cookie 的值，并用一个变量为其赋值，使它可以被源代码使用。

卸载文件事件 onUnload。当 Web 页面退出时引发 onUnload 事件，并可更新 Cookie 的状态。

示例 1-8 一个自动装载和自动卸载的例子。

当装入 HTML 文档时调用 loadform()函数，而退出该文档进入另一 HTML 文档时，则首先调用 unloadform()函数，确认后方可进入。

```
<html>
<head>
<script Language="JavaScript">
<! --
function loadform(){
    alert("这是一个自动装载例子!");
}
function unloadform(){
    alert("这是一个卸载例子!");
}
//-->
</script>
</head>
<Body onLoad="loadform()" onUnload="unloadform()">
<a href="test.htm">调用</a>
</body>
</html>
```

1.4 JavaScript 面向对象编程

JavaScript 支持面向对象的编程，在面向对象的编程思想中，最核心的概念之一就是类。虽然 JavaScript 中没有类的概念，但它可以通过使用定义函数的方式模仿定义类。

1.4.1　函数与对象

1.用定义函数的方式定义类

类，代表了具有相似性质的一类事物的抽象集合，通过实例化类来获得该类的一个实例，就是对象。通过对具体对象进行某种操作，就可以进行编程设计了。

定义类的方法：

```
function class1(){
    //类成员的定义及构造函数部分
}
```

class1 既是一个函数，也是一个类。可以理解为类的构造函数，用于初始化。

抛开类的概念，从代码形式上看，class1 就是一个函数。

强调

在 JavaScript 中，函数和类有相似的格式或形式。

使用 new 操作符，获得一个类的实例。

new 操作符，不仅对 JavaScript 的内部对象有效，同样可以用于自定义的类来获取一个实例。

例如：

```
var obj1=new class1();//获得 class1 的实例，即一个对象 obj1
```

同样可以对函数进行相同的操作，也可以获得一个对象。

使用点格式和方括号格式引用对象的属性和方法。

每个对象可以看作是属性和方法的集合。那么，引用一个对象可以是：

- 对象名.属性或方法名
- 对象名["属性或方法名"]

例如：

```
var arr=new Array(); //获取一个数组对象实例
arr.push("abc"); //为数组添加一个元素，push()为 Array()的方法
var len=arr.length; //获得数组的长度，length 是 Array()的属性
alert(len); //输出数组的长度
```

或者

```
var arr=new Array();
arr["push"]("abc");
var len=arr["length"];
alert(len);
```

这种引用的方式和数组类似，体现了对象就是一组属性和方法的集合。

示例 1-9 使用方括号格式实现调用。

```
<script language="javascript" type="text/javascript">
//定义一个类 User 并包括成员 age 和 sex，指定初始值
function User(){
    this.age=21;
    this.sex="male";
}
var user=new User(); //创建一个对象 User
//根据下列列表选项显示用户信息
function show(slt){
    if(slt.selectedIndex!=0){
        alert(user[slt.value]); //根据属性选项显示其值，使用了方括号格式调用
        /* 若使用点格式，则用 if(slt.value="age") alert(user.age);
                              if(slt.value="sex") alert(user.sex);
        */
}
}
</script>
//创建下列列表框用于选择并显示信息
<select onChange="show(this)">
    <option>请选择需要查看的信息</option>
    <option value="age">年龄</option> //属性选项可以是二者之一
    <option value="sex">性别</option>
</select>
```

2.动态添加、修改和删除对象属性和方法

在其他语言中，对象一旦生成就不可更改。要为对象添加、修改成员必须在对应的类中进行修改，并要重新实例化，程序也必须重新编译。但是，在 JavaScript 中提供了灵活的机制来修改对象的行为，允许动态地添加、修改和删除属性和方法。

例如：用类 Object 创建一个空对象 user，然后修改其行为。

(1)添加属性

```
var user=new Object(); //创建一个没有属性和方法的空对象
user.name="jack"; //添加属性 name
user.age=21; //添加属性 age
user.sex="male"
```

若输出结果，可用 alert(user.name)等语句进行显示。

(2)添加方法

针对前面的空对象 user，添加一个方法 alert()：

```
user.alert=function(){
alert("my name is:"+this.name);
}
```

调用：user.alert()；//可以显示其名字为 jack。

(3)修改属性或方法

修改就是用新属性替换旧属性。

例如：

```
user.name="tom";
user.alert=function(){
alert("hello,"+this.name); //这时的方法中,name 属性已经替换为 tom
}
```

若用弹出的对话框显示其内容，user.alert()值为"hello，tom"。

(4)删除属性和方法

其实，删除属性和方法就是将其值定义为 undefined，即

```
user.name=undefined;
user.alert=undefined;
```

从前面的讨论可以看出，JavaScript 中的每个对象都是动态可变的。这给编程带来了极大方便和灵活性，也是和其他语言的区别。

3.使用大括号语法创建无类型对象

在完全面向对象语言中，每个对象都会对应一个类。但是，在 JavaScript 中的对象，其实就是属性和方法的一个集合，并非严格的类概念。因此，它提供了一种简单的方式来创建对象，即使用大括号。

其语法为：

```
{
    property1:statement,
    property2:statement2,
    ...,
    propertyN:statementN
}
```

这里通过使用大括号，使多个属性或方法成为一个组，实现对象的定义。

示例 1-10　使用大括号语法创建一个对象。

```
<script language="javascript" type="text/javascript">
var obj={}; //定义一个空对象,等同于 var obj=new Object();
var user={
    name:"jack", //定义 name 属性并赋初值
    favoriteColor: ["red","green","black"], //定义了颜色数组
    hello: function(){ //定义方法
            alert("hello,"+this.name);
```

```
            },
        sex:"male"
    }
    user.hello(); //调用方法
    </script>
```

4.prototype 原型对象

每个函数其实也是一个对象，它们对应的类是 function。它们具有特殊的身份，每个函数对象都具有一个子对象 prototype，即 prototype 表示了该函数的原型。而函数也是类，prototype 就是表示了一个类的成员集合。

既然 prototype 是一个对象，也可以动态地对其属性和方法进行修改。

例如：

```
function class1(){
    //空函数
}
class1.prototype.method=function(){ //增加方法
    alert("it's a test method");
}
var obj1=new class1();
obj1.method; //调用对象的方法
```

1.4.2 JavaScript 中函数的深入认识

JavaScript 中的函数不同于其他语言，每个函数都是作为一个对象被维护和运行的。通过函数对象的性质，就可以将一个函数赋值给一个变量或将函数作为参数转递。

一般调用或使用函数的语法为：

```
function func1(...)(...);
var func2=function(...)(...);
var func3=function func4(...)(...);
var func5=new function();
```

这些都是 JavaScript 中声明函数的正确语法。

1.认识函数对象

在 JavaScript 中，函数可以用关键字 function 来定义，并为每个函数指定一个函数名，通过函数名进行调用。在网页中解释执行时，函数都被维护为一个对象。这就是 JavaScript 中函数的特殊之处。

函数对象与用户自定义的对象有着本质的区别，函数对象被称为内部对象。这些内部对象的构造器是由 JavaScript 本身定义的，它们执行类似于 new Array()这样的语句返回一个对象。JavaScript 内部有一套机制来初始化返回的对象，而不是由用户来指定对象的构造方式。

例如：

```
var myArray=[ ];//创建一个数组。等价于 var myArray=new Array();
function myFunction(a,b){ //创建一个函数
    return a+b;
} //等价于 var myFunction=new function("a","b","return a+b");
```

前一种函数声明形式，在解释器内部会自动构造一个 function 对象，将函数作为一个内部对象来存储和运行。从这里可以看到，一个函数对象名称和一个普通变量名称具有同样的规范要求。可以通过变量名来引用这个变量，但是函数变量名后面可以跟上括号和参数列表来进行函数调用。对于后一种形式创建一个函数不常用，因为函数内会有多行语句，用起来不方便。在具体编程使用时有一点区别：对于有名函数可以出现在调用之后再定义，而对于无名函数必须在调用之前就已经定义好。

2.函数的 apply、call 方法和 length 属性

JavaScript 语言中，为函数对象定义了两个方法 apply 和 call，它们的作用都是将函数绑定到另一个对象上去运行，两者仅在定义参数的方式上有所区别。即

```
function.prototype.apply(thisArg,argArray);
function.prototype.call(thisArg[,arg1[,arg2...]]);
```

从函数原型可以看出，第一个参数都是 thisArg，即所有函数内部的 this 指针都会被赋值为 thisArg，这就实现了将函数作为另一个对象的方法运行的目的。两个方法除了 thisArg 参数，都是为 function 对象传递的参数。

例如：

```
function func1(){ //定义函数有 p 属性和 A 方法
    this.p="func1-";
    this.A=function(arg){
        alert(this.p+arg);
    }
}
function func2(){ //定义函数有 p 属性和 B 方法
    this.p="func2-";
    this.B=function(arg){
        alert(this.p+arg);
    }
}
var obj1=new func1();
var obj2=new func2();
obj1.A("byA"); //显示 func1-byA
obj2.B("byB"); //显示 func2-byB
obj1.A.apply(obj2, ["byA"]); //显示 func2-byA，其中["byA"]是仅有一个元素的数组
obj2.B.apply(obj1, ["byB"]); //显示 func1-byB，其中["byB"]是仅有一个元素的数组
```

```
obj1.A.call(obj2, "byA"); //显示 func2-byA, 其中["byA"]是仅有一个元素的数组
obj2.B.call(obj1, "byB"); //显示 func1-byB, 其中["byB"]是仅有一个元素的数组
```

可以看出,obj1 的方法 A 被绑定到 obj2 运行后,整个函数 A 的运行环境就转移到了 obj2,即指针 this 指向了 obj2。代码的后 4 行显示了两种方法传递参数的区别。

与函数 arguments 的 length 属性不同,函数对象还有一个属性 length,表示函数定义时所指定参数的个数,而非调用时实际传递的参数个数。

第 2 章 对象应用

本章将通过学习几个常见对象的应用，掌握对象的使用方法，以便打下足够基础去学习后面的内容。这里主要涉及六个对象，分别是三个内置对象：日期时间对象 Date、字符串对象 String、数组对象 Array；三个扩展对象：浏览器文档对象 document 及其子对象图片对象 Image 和 Style 对象。

2.1 日期时间对象

2.1.1 显示当前星期

1.实例效果

在网页中显示当前是星期几。如图 2-1 所示。

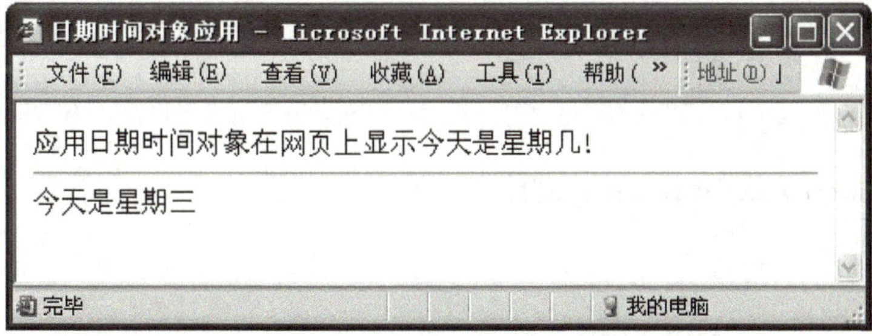

图 2-1 显示当前是星期几

2.任务要求

在网页中显示文字“应用日期时间对象在网页上显示今天是星期几!”，然后下面是一条水平线，再下一行显示“今天是星期×”。

3.程序设计思路

在设计与时间和日期有关的网页内容时，一定要用到 Date 对象。使用对象就要先创建一个实例，然后针对该实例使用该对象的方法和属性来获取或设置相应的数值。这里要使用 Date 对象的 getDay()方法，获取 0 到 6 中的一个整数，分别对应星期日到星期六。

4.技术要点

首先要创建 Date 对象的一个实例。例如：var Mydate＝new Date()；

然后，针对该实例使用 getDay()方法，即 Mydate.getDay()；获取具体数值来确定今天是星期几。

最后将日期通过浏览器文档对象 document 的 write()方法，显示在网页上。

5.程序代码编写

给出 HTML 程序结构和 JavaScript 程序。

```
<html>
<head>
<title>日期时间对象应用</title>
</head>
<body>
应用日期时间对象在网页上显示今天是星期几！<br><hr>
<script language="JavaScript">
    var myDate=new Date();
    switch(myDate.getDay())
    {
    case 0:
        document.write("今天是星期日");
        break;
    case 1:
        document.write("今天是星期一");
        break;
    case 2:
        document.write("今天是星期二");
        break;
    case 3:
        document.write("今天是星期三");
        break;
    case 4:
        document.write("今天是星期四");
        break;
    case 5:
        document.write("今天是星期五");
        break;
    case 6:
        document.write("今天是星期六");
```

```
            break;
    }
</script>
</body>
</html>
```

6.编程技术拓展

拓展 1：在程序结构中使用 if 语句，在内容显示区域显示：今天是星期日或星期一至星期六。

拓展 2：在程序中使用 Array 对象，直接用星期日和星期一至星期六作为元素内容，用 write()方法直接显示数组元素的内容。

讨论：在前面三种程序结构中，分析哪种最优。在程序执行中，并非只要求实现功能，数据结构最合理，执行效率最高的程序才是最好的程序。进一步理解三种语句结构，特别是要清楚数组对象的使用以及何时可以利用数组进行编程。

2.1.2　显示当前日期

1.实例效果

在网页中显示当前日期和星期。如图 2-2 所示。

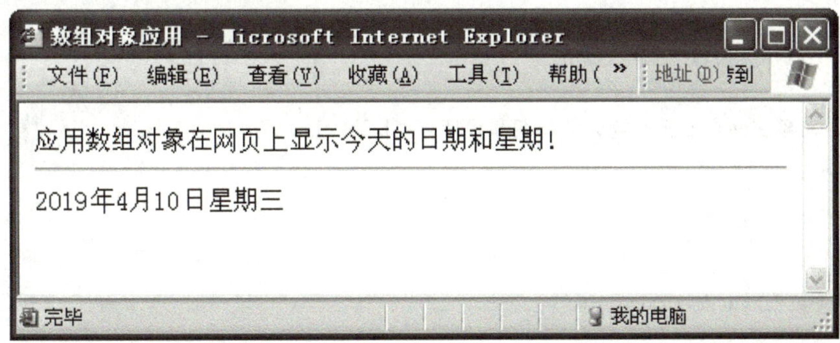

图 2-2　显示当前日期和星期

2.任务要求

在网页中显示文字“应用数组对象在网页上显示今天的日期和星期！”，然后下面是一条水平线，再下一行显示：今天的日期和星期几。

3.程序设计思路

设计思路与上例类似，只是要用到 Date 对象的另外一些方法。包括获取年的方法 getFullYear()、获取月的方法 getMonth()、获取日的方法 getDate()。其中 getMonth()获取的值是从 0 开始至 11，其中 0 对应 1 月……11 对应 12 月。

4.技术要点

显示日期的格式要求与前例不同。这里使用数组对象 Array()定义日期，并用 document 对象显示出来。

5.程序代码编写

给出 HTML 程序结构和 JavaScript 程序。

```
<html>
<head>
<title>数组对象应用</title>
<meta http-equiv="Content-Type" content="text/html; charset=gb2312">
<script language="JavaScript">
function Mydate()
{
    var myMonth = new Array("1 月","2 月","3 月","4 月","5 月","6 月","7 月","8 月","9 月","10
                月","11 月","12 月");
    var myDay=new Array("星期日","星期一","星期二","星期三","星期四","星期五","星期六");
    today=new Date();
    myYear=today.getFullYear();
    myDate=today.getDate();
    if(document.all)
    document.write(myYear+"年"+myMonth[today.getMonth()]+myDate+"日"
    +myDay[today.getDay()]);
}
</script >
</head>
<body>
应用数组对象在网页上显示今天的日期和星期！<br><hr>
<table>
  <tr>
    <td>
    <script language="javascript">
        Mydate();
    </script>
    </td>
  </tr>
</table>
</body>
</html>
```

6.编程技术拓展

拓展 1:在程序中不使用数组对象定义月份，而仿照年份的显示直接在 document.write() 方法中显示当前日期。

拓展 2:程序中不使用数组对象定义星期，而改为简化的 if 语句格式，显示星期日或星期一至星期六。

2.2 字符串和图片对象

2.2.1 应用 String 对象截取特定文字

1.实例效果

在网页中显示用 String 对象截取的符合要求的文字。如图 2-3 所示。

图 2-3　用字符串对象方法显示特定文字

2.任务要求

利用 String 对象的 charAt()和 substring()方法，截取特定文字或字段文字显示在页面上。

3.程序设计思路

String 对象还有另外一些方法，包括查找字符串的方法 indexOf()、从右到左查找字符串的方法 lastIndexOf()。

4.技术要点

String 对象的常用方法：

charAt()方法，用于返回指定位置处的字符，它包含查找字符位置参数 idx，其值为整数索引，0 对应从左开始数的第 1 个字符，n 对应第 $n+1$ 个字符。例如 s.charAt(n)为查找第 $n+1$ 个位置上的字符。

indexOf()方法，用于在字符串中查找指定字符串，并返回指定字符串在字符串中的起始位置。返回值为数字。若 0，即从第 1 个字符开始；返回值为−1，为没有找到。该方法包含要查找的指定字符串 chr 参数，indexOf(chr)。例如 s.indexOf("work")。

lastIndexOf()方法，与 indexOf()类似，只是查找方向为从右到左。该方法包含要查找的指定字符串 chr 参量，lastIndex(chr)。返回值同 indexOf()。

substring()方法，用于从字符串中截取指定位置之间的子字符串。它包含指定子字符串位置的两个参数，起始位置数字 startIdx 和结束位置数字 endIdx。返回值为 endIdx 位置之前的字符串。

String 对象的属性 length，用于确定字符串的长度。例如 s.length 为字符串对象实例 s 的字符个数。

5.程序代码编写

```
<html>
<head>
<meta http-equiv="Content-Type" content="text/html; charset=gb2312">
<title>字符串对象应用实例</title>
<script language="JavaScript">
<! --
function CheckSpace(string)
{
  var index,len
  while(true)
  {
      index=string.indexOf(" ");
      //如果没有空格,就终止
      if(index==-1)
      break;
      //求出字符串的长度
      len=string.length;
      //删去空格
      string=string.substring(0,index)+string.substring((index+1),len);
  }
  return string
  }
  -->
  </script >
</head>

<body>
<script language="JavaScript">
<! --
    var s1=new String("I love China!");
    document.write("<h1>[1]"+s1.charAt(7)+"<br >");

    var s2=new String("中国的首都是北京");
    document.write("[2]"+s2.charAt(4)+"<br >");

    var s3=new String("I love China!");
```

```
        document.write("[3]"+s3.substring(1,6)+"<br>");
        document.write("[4]"+"中国的首都是北京".substring(0,5)+"<br>");
        document.write("[5]"+"I love China!".substring(4)+"<br>");
        document.write("[6]"+"I love China!".substring(5,2)+"<br>");
        document.write("<h1>");

        var str=""
        str+=CheckSpace("I am a student.")+"\n";
        str+=CheckSpace("成了一名奥运志愿者!");
        alert(str);
    -->
    </script>
    </body>
    </html>
```

2.2.2　应用 image 对象实现动画

1.实例效果

在网页中显示一个沙漏装置的动画。如图 2-4 所示。

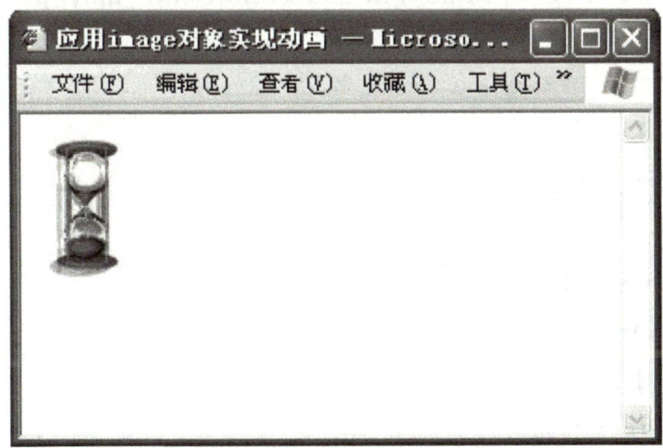

图 2-4　Image 对象动画

2.任务要求

在页面中利用 image 对象技术显示一组图片，呈现 gif 动画的效果。本例中显示一个沙漏装置动画。

3.程序设计思路

动画设计方法之一，就是将一组具有连续动作画面的图片连续交替显示出来，其视觉效果就是动画。首先应该在页面中定义一个图片对象，用于显示图片。然后利用该图片对象，逐一显示一组连续的图片。

4.技术要点

图片信息可以保存在一个叫 image 的对象中，此对象包含了图片路径（URL）、图片当前的下载状态、图片的高度和宽度等信息。通常情况下会将此对象指向在 document.images 数组中存在的图片，也就是放在网页中的图片，但是有时候可能要处理一些不在网页中的图片对象，这时候 Image 对象就派上用场了。

当要实现图片交替显示效果的时候，提前将想要使用的图片下载到客户端，当用户触发事件，要换图片的时候，那个图片就已经在客户端了，会马上显示出来，否则再从服务器上下载，图片翻滚就有时间延迟了。而使用 image 对象可以做到提前下载图片，如下边的代码，使用 Image 对象的 src 属性，指定图片的路径(URL)，将 images 目录下的图片 pic2.gif 下载到客户端：

```
var myImg=new Image();
myImg.src="images/pic2.gif";
```

这段代码告诉浏览器开始从服务器下载指定的图片，如果客户端的缓存(Cache)中有这个图片的话，浏览器会自动将其覆盖，当用户将鼠标移动到图片上边的时候，图片将会立即变换，不会有时间的延迟。

本程序使用了 image 对象预先下载图片的方法。注意：此例不能在 Internet Explorer 3.0 或更早的版本中使用，因为它们不支持。

(1)先定义 Image 对象实例，用于连接图片文件。将每个实例名称用特定数组来标识，以便后面易于用程序进行控制。即 var myImage=new Array(11)；//定义 9 个元素的数组。然后定义 myImage[i]=new Image()；//使数组的每个元素对应 image 对象。

(2)指定每个 myImage[i]对象实例的属性 src 为图片文件名。

(3)设置图片交替显示的定时器 setTimeout(func,time_ms,[paras])方法。

5.程序代码编写

```
<html>
<head>
<title>应用 image 对象实现动画</title>
</head>
<script language="JavaScript">
  var myImage=new Array(10);
  for(i=0;i<11;i++)
        myImage[i]=new Image();
  myImage[0].src="pic/t0.jpg";
  myImage[1].src="pic/t1.jpg";
  myImage[2].src="pic/t2.jpg";
  myImage[3].src="pic/t3.jpg";
  myImage[4].src="pic/t4.jpg";
  myImage[5].src="pic/t5.jpg";
  myImage[6].src="pic/t6.jpg";
  myImage[7].src="pic/t7.jpg";
  myImage[8].src="pic/t8.jpg";
  myImage[9].src="pic/t9.jpg";
  myImage[10].src="pic/t10.jpg";
```

```
    var k=0;
    function changePIC(){
        document.mi1.src=myImage[k].src;
        k++;
        if(k==9)
            k=0;
        setTimeout(changePIC,200);
    }
    </script>
   <body>
   <img name="mi1" src="pic/t0.jpg">
    <script language="JavaScript">
        changePIC();
    </script>
  </body>
  </html>
```

6.编程技术拓展

在程序中指定每一个 image 对象的 src 属性的语句,不使用每个图片单独定义的方法,而是使用 for 循环来定义,使得语句更加简化。

2.2.3　style 对象应用

1.实例效果

在网页中显示按钮动态改变网页属性,如图 2-5 所示。

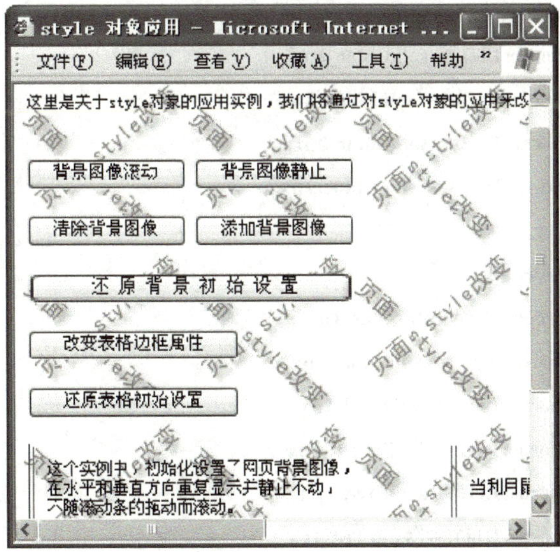

图 2-5　style 对象属性改变

2.任务要求

用程序代码可以改变页面背景属性、表格属性等。进入网页后为页面指定背景图、背景属性和表格边框属性。通过鼠标单击七个按钮:背景图像滚动、背景图像静止、清除背景图像、添加背景图像、还原背景初始设置、改变表格边框属性和还原表格初始设置等,改变特定对象的相应属性。

3.程序设计思路

通过 JavaScript 编程实现对页面 style 对象进行控制,各个相应属性发生更改,在页面看到各种变化的特性。

4.制作要点

针对页面中特定 id,找到对应 style 对象的相应属性:表格的 borderLeft、borderRight,页面背景 background、backgroundImage、backgroundAttachment。

5.程序代码编写

```
<html>
<head>
<title>style 对象应用</title>
</head>
<script language="JavaScript">
    function changeTablePro(){
        MTB.style.borderLeft="solid red 2px";
        MTB.style.borderRight="solid red 2px";
        MTD1.style.borderLeft="solid blue 2px";
        MTD1.style.borderRight="solid blue 2px";
        MTD2.style.borderLeft="solid blue 2px";
        MTD2.style.borderRight="solid blue 2px";
        MTD3.style.borderLeft="solid blue 2px";
        MTD3.style.borderRight="solid blue 2px";
        MTD4.style.borderLeft="solid blue 2px";
        MTD4.style.borderRight="solid blue 2px";
    }
    function resetTablePro(){
        MTB.style.borderLeft="solid blue 1px";
        MTB.style.borderRight="solid blue 1px";
        MTD1.style.borderLeft="solid red 1px";
        MTD1.style.borderRight="solid red 1px";
        MTD2.style.borderLeft="solid red 1px";
        MTD2.style.borderRight="solid red 1px";
        MTD3.style.borderLeft="solid red 1px";
        MTD3.style.borderRight="solid red 1px";
```

```
        MTD4.style.borderLeft="solid red 1px";
        MTD4.style.borderRight="solid red 1px";
    }
</script>
<body id="BD" style="background:url(back49.gif)repeat fixed;">
<p>
<br>
<pre>
这里是关于 style 对象的应用实例，我们将通过对 style 对象的应用来改变页面的背景属性。
<br>
</pre>
<form>
<input type="button" value="背景图像滚动"
      onclick="JavaScript:BD.style.backgroundAttachment='scroll'">
<input type="button" value="背景图像静止"
      onclick="JavaScript:BD.style.backgroundAttachment='fixed'">
<p>
<input type="button" value="清除背景图像"
      onclick="JavaScript:BD.style.backgroundImage=''">
<input type="button" value="添加背景图像"
      onclick="JavaScript:BD.style.backgroundImage='url(back49.gif)'">
<p>
<input type="button" value=" 还原背景初始设置"
      onclick="JavaScript:BD.style.background='url(back49.gif)repeat fixed'">
<p>
<input type="button" value="改变表格边框属性"
      onclick="changeTablePro()">
<p>
<input type="button" value="还原表格初始设置"
      onclick="resetTablePro()">
</form>
<p>
<table id="MTB"
      style="border-left:solid blue 1px;border-right:dotted blue 1px;">
<tr>
<td id="MTD1"
      style="border-left:solid red 1px;border-right:solid red 1px;padding:10px;spacing:10px">
<pre>
```

```
在这个实例中，初始化设置了网页背景图像，
在水平和垂直方向重复显示并静止不动，
不随滚动条的拖动而滚动。
</pre>
</td>
<td id="MTD2"
     style="border-left:solid red 1px;border-right:solid red 1px;padding:10px;spacing:10px">
<pre>
当利用鼠标单击各个按钮时，会见到所发生的改变。
</pre>
</td>
</tr>
<tr>
<td id="MTD3"
     style="border-left:solid red 1px;border-right:solid red 1px;padding:10px;spacing:10px">
<pre>
每一种改变和变化，都是针对特定的 id 变化的。
</pre>
</td>
<td id="MTD4"
     style="border-left:solid red 1px;border-right:solid red 1px;padding:10px;spacing:10px">
<pre>
本例中的七个按钮，执行相应程序后会对页面背景属性、表格属性进行更改。
程序代码中都是采用 style 对象来调用相应的属性、进行控制实现各种变化的。
</pre>
</td>
</tr>
</table>
</body>
</html>
```

第 3 章 动态栏效果

动态栏是指状态栏和标题栏。状态栏在浏览器的底部，可以设置隐藏和显示。而标题栏在浏览器的上部。允许在这两个区域内显示各种动态文字效果，用于提示，同时给用户带来一些情趣。可以显示的内容包括：文字、动态文字、时间、日期、图形效果等。

本章将详细学习这些效果是如何编程设计出来的。重点是如何在状态栏和标题栏上创建各种动态显示效果。

在状态栏中显示信息，通常要用到 window 对象的 status 属性。

在标题栏中显示信息，用到浏览器文档对象 document 的 title 属性。

3.1 修改标题栏和状态栏的默认属性

状态栏中的默认信息一般是关于网络连接状况或连接进度等。但是，有时人们要使用状态栏显示一些特定的内容。标题栏内容一般是在制作静态网页时定义，需要时也可以动态改变其显示内容。

3.1.1 利用 JavaScript 更改标题栏和状态栏显示内容

1.实例效果

标题栏和状态栏如图 3-1 所示。

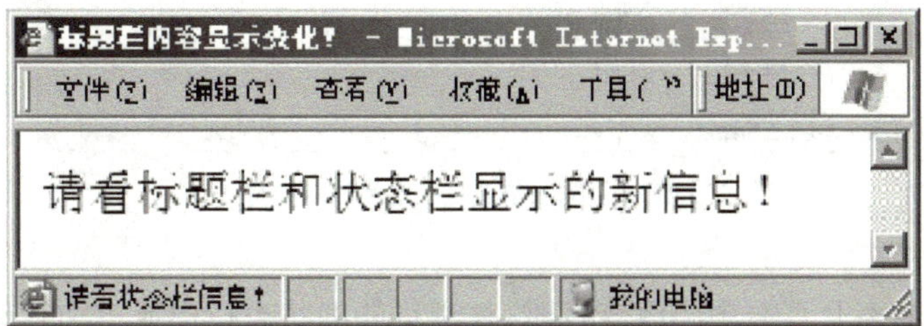

图 3-1 改变状态栏和标题栏内容

2.程序代码编写

编写程序代码时，首先在<body></body>主体部分输入要在网页中显示的文字。然后，在<head></head>部分加入脚本程序。

```
<html>
<head>
<title>这是标题栏</title>
    <script language="JavaScript">
        var word="请看状态栏信息！"
        document.title="标题栏内容显示变化！";
        window.status=word;
    </script>
</head>
<body>
请看标题栏和状态栏显示的新信息！
</body>
</html>
```

注意：改变状态栏信息这段程序通常放在<head></head>标记之间。

改变标题栏显示内容时，使用文档对象 document 的 title 属性，对其进行赋值即可改变制作静态网页时定义的标题；而改变状态栏显示内容时，则使用浏览器的 window 对象的 status 属性，对其进行赋值即可改变状态栏的显示信息。

3.1.2 修改超链接在状态栏上的显示信息

1.实例效果

在浏览器状态栏上显示动态信息，如图 3-2 所示。

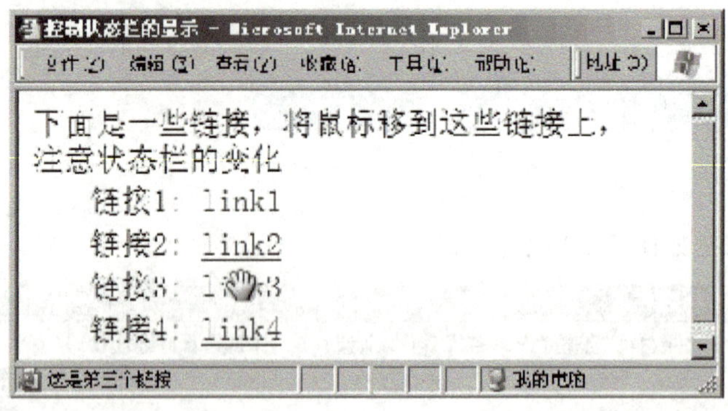

图 3-2 超级链接在状态栏提示信息

2.任务要求

当鼠标指向或离开页面中超级链接时，在浏览器的状态栏中显示动态提示信息。

3.程序设计思路

首先，要清楚页面中显示超级链接一定通过使用<a href="打开链接网页路径和文件

名">link1</a>标记来实现。

根据任务分析，实现鼠标指向和离开时在状态栏中显示信息，涉及两个事件：onMouseOver 和 onMouseOut。要通过这两个事件调用在状态栏中显示信息的脚本程序。而脚本编程中将用到 window 对象的 status 属性。

最后，将事件处理器添加到定义相应超级链接的标记中去，实现事件触发并处理相应的事件。

4.技术要点

定义字符串数组 status_array=new Array()，用于分别将链接提示信息赋给这些变量。

考虑每个链接的技术相关性，可以将 onMouseOver 和 onMouseOut 所调用的程序设计为一个函数。

5.程序代码编写

(1)在<body></body>主体部分，设计在网页中显示的表格、文字和超级链接。

(2)在超级链接标记内，添加 onMouseOver 和 onMouseOut 事件，并调用事件处理函数 showstatus()。

(3)在<head></head>部分加入脚本程序。

```
<! DOCTYPE html>
<html>
<head>
<title>控制状态栏的显示</title>
<META NAME="Generator" CONTENT="EditPlus">
<META NAME="Liyuncheng" CONTENT="Email:yunchengli@sina.com">
    <script language="JavaScript">
        //状态栏最初信息
        window.status="Hello!";
        //编写显示信息栏内容的函数
        function showstatus(num){
            status_array=new Array();
            status_array[0]="这是第一个链接";
            status_array[1]="这是第二个链接";
            status_array[2]="这是第三个链接";
            status_array[3]="这是第四个链接";
            /*设置状态栏信息与信息数组间的联系，通过 num 来显示不同内容*/
            window.status=status_array[num-1];
        }
    </script>
</head>
<body>
下面是一些链接，将鼠标移到这些链接上，<br>注意状态栏的变化
```

```
<!--定义表格显示网页内容-->
<table>
<!--定义行和列-->
<tr><td height="20" width="200" align="center">链接 1:
<!--定义一个超级链接,连接到 link1.htm,当鼠标事件 onMouseOver 移入和 onMouseOut 移出时显示信息-->
<a href="link1.htm" name="link1"
    onMouseOver="showstatus(1);return true"
    onMouseOut="showstatus(1);return true">link1</a>
</td></tr>
<tr><td height="20" width="200" align="center">链接 2:
<a href="link2.htm" name="link2"
    onMouseOver="showstatus(2);return true"
    onMouseOut="showstatus(2);return true">link2</a>
</td></tr>
<tr><td width="200" align="center" height="20">链接 3:
<a href="link3.htm" name="link3"
    onMouseOver="showstatus(3);return true"
    onMouseOut="showstatus(3);return true">link3</a>
</td></tr>
<tr><td width="200" align="center" height="20">链接 4:
<a href="link4.htm" name="link4"
    onMouseOver="showstatus(4);return true"
    onMouseOut="showstatus(4);return true">link4</a><br>
</td></tr>
</table>
</body>
</html>
```

注意:在脚本程序设计中,函数 showstatus(num)内巧妙地定义了参数 num,使用它可以正确地指向所需提示信息。并且,调用函数时所赋值刚好与超级链接代号一致,使得程序具有很好的可读性。

6.编程技术拓展

拓展 1:在 onMouseOver 和 onMouseOut 事件处理中,不使用定义 JavaScript 函数形式,而是直接指定要显示的内容,如何编写代码?

将原来脚本程序段中 showstatus (num) 函数删除,直接用 onMouseOver 和 onMouseOut 事件调用脚本程序。

```
<! DOCTYPE html>
<html>
<head>
<title>控制状态栏的显示</title>
<META NAME="Generator" CONTENT="EditPlus">
```

```
<META NAME="Liyuncheng" CONTENT="Email:yunchengli@sina.com">
    <script language="JavaScript">
        window.status="Hello! Good Luck!!"; //状态栏最初信息
    </script>
</head>
<body>
下面是一些链接,将鼠标移到这些链接上,<br>注意状态栏的变化
<!--定义表格显示网页内容-->
<table>
<!--定义一行和一列-->
<tr><td height="20" width="200" align="center">链接 1:
<!--定义一个超级链接,连接到 link1.htm,当鼠标事件 onMouseOver 移入和 onMouseOut 移出时显示信息-->
<a href="link1.htm" name="link1"
    onMouseOver="javascript:window.status='这是第一个链接';return true"
    onMouseOut="javascript:window.status='这是第一个链接';return true">link1</a>
</td></tr>
<tr><td height="20" width="200" align="center">链接 2:
<a href="link2.htm" name="link2"
    onMouseOver="javascript:window.status='这是第二个链接';return true"
    onMouseOut="javascript:window.status='这是第二个链接';return true">link2</a>
</td></tr>
<tr><td width="200" align="center" height="20">链接 3:
<a href="link3.htm" name="link3"
    onMouseOver="javascript:window.status='这是第三个链接';return true"
    onMouseOut="javascript:window.status='这是第三个链接';return true">link3</a>
</td></tr>
<tr><td width="200" align="center" height="20">链接 4:
<a href="link4.htm" name="link4"
    onMouseOver="javascript:window.status='这是第四个链接';return true"
    onMouseOut="javascript:window.status='这是第四个链接';return true">link4</a><br>
</td></tr>
</table>
</body>
</html>
```

拓展 2:比较两种程序设计,哪种性能更优化或可读性更好?

3.2 在状态栏显示动态效果

3.2.1 在状态栏显示当前时间

1.实例效果

在浏览器的状态栏中动态显示时间。如图 3-3 所示。

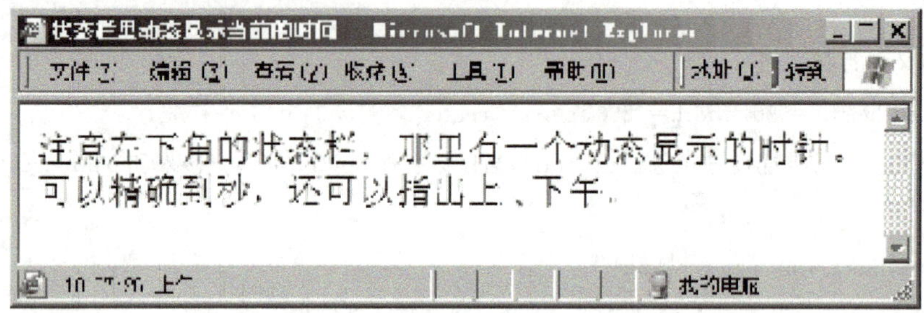

图 3-3 状态栏显示当前时间

2.任务要求

状态栏里动态显示当前的时间，显示内容包括：显示时钟，同时还要显示凌晨、早上、上午、中午、下午和晚上等信息。网页内容为：注意左下角的状态栏，那里有一个动态显示的时钟，可以精确到秒，还可以指出上、下午。

3.程序设计思路

关于时钟的程序设计，其思路与其他时间显示问题类似，此项任务中要用到 Date 对象的另外一些方法。包括：获取小时的方法 getHours()、取分钟的方法 getMinutes()和取秒的方法 getSeconds()。另外，这里对时钟显示格式有了具体要求，涉及具体程序设计技巧，是程序编写问题。

4.技术要点

技术要点部分，参见前面关于时间的动态显示和前一节内容。

5.程序代码编写

```
<! DOCTYPE html>
<html>
<head>
<title>状态栏里动态显示当前的时间</title>
<META NAME="Liyuncheng" CONTENT="Email:yunchengli@sina.com">
<script language="JavaScript">
  var timerID=null;
  var timerRunning=false;
  //定义时钟刷新停止函数，这里用到自定义变量 timerRunning 的真与假
    function stopclock(){
      if(timerRunning)
```

```
    clearTimeout(timerID);
   timerRunning=false;
}
function showtime(){
   var myDate=new Date();
   var hours=myDate.getHours();
   var minutes=myDate.getMinutes();
   var seconds=myDate.getSeconds();
   //根据小时来划分时间段并赋给字符串变量
   if(hours>5&&hours<=8){
       tag="早上";
   }
   else if(hours>8&&hours<=11){
       tag="上午";
   }
   else if(hours>11&&hours<=13){
       tag="中午";
   }
   else if(hours>13&&hours<=18){
       tag="下午";
   }
   else if(hours>18&&hours<=23){
       tag="晚上";
   }
   else {
           tag="凌晨";
     }
//将时间按照 24 小时格式记录,并在小时前加一个空字符
var timeValue=" "+hours;
//小时后加上:分
timeValue+=":"+minutes;
//分钟后加上:秒
timeValue+=":"+seconds;
//将时间值后添加时间段字符串
timeValue+=" "+tag;
//将时钟记录值赋给状态栏属性
window.status=timeValue;
timerID=setTimeout("showtime()",1000);
```

```
    timerRunning=true;
  }
    function startclock(){
    stopclock();
    showtime();
  }
</script>
</head>
<! --利用事件 onload 加载 -->
<body onload="startclock()">
注意左下角的状态栏，那里有一个动态显示的时钟。<br>可以精确到秒，还可以指出上、下午。
</body>
</html>
```

6.编程技术拓展

拓展 1:将时钟显示的时间按照 12 小时格式记录，并且当分钟和秒的数字为 1 位数时，前面加 0 以补齐为两位。

(1)将脚本程序中的如下程序删除

```
//将时间按照 24 小时格式记录，并在小时前加一个空字符
var timeValue=" "+hours;
//小时后加上:分
timeValue+=":"+minutes;
//分钟后加上:秒
timeValue+=":"+seconds;
```

(2)替换为如下程序段

```
//将时间按照 12 小时格式记录
var timeValue=" "+((hours >12)? hours-12:hours);
//分和秒数字为 1 位数则前加 0
timeValue+=((minutes <10)? ":0" : ":")+minutes;
timeValue+=((seconds <10)? ":0" : ":")+seconds;
```

拓展 2:当小时数字为 1 位数时，在前面加 0 以补齐为两位。

将程序中下列语句删除:

```
var timeValue=" "+((hours>12)? hours-12:hours);
```

在该位置加入如下语句:

```
timeValue=((hours>12)? hours-12:hours);
timeValue=" "+((timeValue<10)? "0 "+timeValue:timeValue);
```

拓展 3:当小时、分钟和秒的数值为一位数时，前补 0 程序，改变为另一种程序结构。

（1）删除下列程序

```
//将时间按照 12 小时格式记录
var timeValue=""+((hours >12)? hours-12:hours);
//分和秒数字为一位数则前加 0
timeValue+=((minutes <10)? ":0" : ":")+minutes;
timeValue+=((seconds <10)? ":0" : ":")+seconds;
```

（2）将 showTime()函数中程序修改如下

```
function showTime(){
    var myDate=new Date();
    var hours=myDate.getHours();
    var minutes=myDate.getMinutes();
    var seconds=myDate.getSeconds();
    //将时间按照 12 小时格式记录
    if(hours>=13){
        hours=hours-12;
    }
    //将小时、分钟和秒的一位数字前补 0 程序
    if(hours<10){
        hours="0"+hours;
    }
    if(minutes<10){
        minutes="0"+minutes;
    }
    if(seconds<10){
        minutes="0"+seconds;
    }
    //根据当前所处时间段为字符串变量赋值
    if(hours>5&&hours<=8){
        tag="早上";
    }
    else if(hours>8&&hours<=11){
        tag="上午";
    }
    else if(hours>11&&hours<=13){
        tag="中午";
    }
    else if(hours>13&&hours<=18){
        tag="下午";
    }
```

```
        else if(hours>18&&hours<=23){
            tag="晚上";
        }
        else {
            tag="凌晨";
        }
    //将时、分、秒按格式显示
    var timeValue=" "+hours+":"+minutes+":"+seconds;
    //在时间后面添加时间段提示字符串
    timeValue+=" "+tag;
    //将时钟记录值赋给状态栏属性
    window.status=timeValue;
    timerID=setTimeout("showtime()",1000);
    timerRunning=true;
}
```

思考:完成相同的任务,哪种程序结构性能更优化?

3.2.2 状态栏文字由左端弹出显示

1.实例效果

在网页状态栏中显示动态文字效果。如图 3-4 所示。

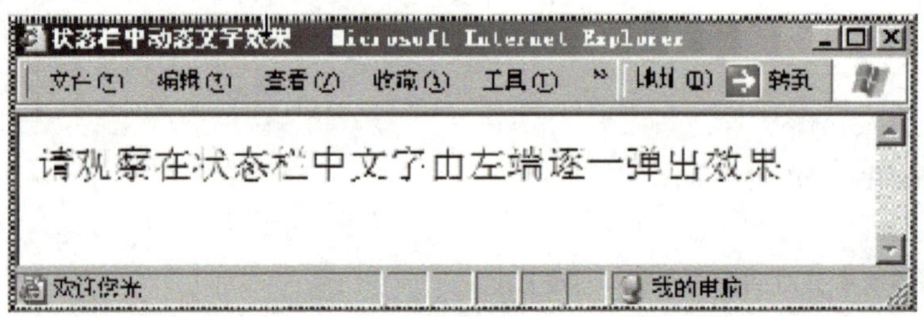

图 3-4 文字打字效果

2.任务要求

在网页状态栏中,使文字从左端逐个弹出显示,直到全部显示,也称打字效果。

3.程序设计思路

所谓弹出,实质上是在给定的字符串中,最初显示最前面一个,然后依次在相同时间间隔内取两个、三个……直到最后显示整个字符串内容,其效果像连续打字一样。

4.技术要点

定义字符串 var Word="欢迎您光临网站! 谢谢!";

使用字符对象 String 的 substring()方法取其中的字符。例如 stringVar.substring(0, n),n 是一个变化的量,最大为字符串长度。

涉及时间间隔就要想到用 setTimeout()这个递归函数。

5.程序代码编写

```
<! DOCTYPE html>
<html>
<head>
<title> 状态栏中动态文字效果</title>
<META NAME="Liyuncheng" CONTENT="Email:yunchengli@sina.com">
<script language="JavaScript">
var Word="欢迎您光临网站！谢谢！";
var interval=100;
var subLen=0;
function Scroll(){
   window.status=Word.substring(0, subLen);
   subLen++;
   if(subLen >Word.length)
     {
         subLen=1;
         window.status="";
         window.setTimeout("Scroll()", interval);
     }
     else
     window.setTimeout("Scroll()", interval);
   }
Scroll();
</script>
</head>
<body>
请观察在状态栏中文字由左端逐一弹出效果
</body>
</html>
```

6.任务拓展

拓展 1:在该效果的基础上,再使文字向左移动直到消失,然后重复动态文字效果。

改写上面脚本程序函数,考虑当全部文字显示出来后,即满足 if(subLen>Word.length),再使用 substring(i,position)方法,从最左边开始逐渐向右截取字符串,直到该变量与字符串长度相等时为止。然后重复整个动态效果的显示。

修改后函数 statusScroll()为:

```
function statusScroll()
{
    window.status=Word.substring(0,position);
```

```
    position++;
    if(position >=Word.length)
    {
        window.status=Word.substring(i,position);
        //i 为从最左边开始逐渐向右截取字符串变量
        i++;
        //当截取字符串变量 i 刚好与字符串长度相等时,设置重复的变量
        if(i==Word.length)/
        {
            position=1;
            i=0;
        }
    setTimeout("statusScroll()",interval);
    }
    else{
        setTimeout("statusScroll()",interval);
    }
}
```

拓展 2:在打字效果的基础上,实现文字向右移动直到消失的动态效果。

在实例基础上改写脚本程序,考虑当全部文字显示出来后,使用赋值为空字符串的变量 str,利用 substring()方法从最左边开始逐渐向右在字符串前添加空字符,直到该变量的所有空字符添加完毕为止。然后重复整个动态效果的显示。

改写脚本程序为:

```
<script language="JavaScript">
    var Word="欢迎您光临网站! 谢谢!";
    var position=1,i=1;
    var interval=100;
    var str="";
    function statusScroll()
    {
        if(position <Word.length)
        {
            window.status=Word.substring(0,position);
            str+=" ";//将变量 str 赋值为空字符
            str+=" ";
            str+=" ";
        }
```

```
        if(position >= Word.length)
        {
            window.status=str.substring(0,i)+Word;
            //i 为从文字左边开始逐渐向右添加空字符串的变量
            i++;
            if(i>6 * Word.length)
                {
                    position=1;
                    i=1;
                }
            }
        else{
            position++;
        }
    setTimeout("statusScroll()",interval);
    }
statusScroll();
</script>
```

技术拓展:在文字前要增加的空字符,可以在使用之前就准备好。

也可以改写脚本程序为:

```
<script language="JavaScript">
var interval=150;
var j,i=0,position=1;
var Word="欢迎您光临网站! 谢谢!";
var str="";
  for(j=0;j<50;j++)
  //为变量 str 赋值一组空字符,以便后面程序使用,添加在文字 Word 前面
  {str+=" ";}
  function Scroll()
  {
    if(position <Word.length){
        window.status= Word.substring(0,position);
        position++;
        setTimeout("Scroll()",interval);
    }
    else if(position==Word.length){
        //在 Word 文字前面不断添加空字符
```

```
        window.status=str.substring(0,i)+Word;
        i++;
        //添加空字符长度为 str 长度时,文字向右移动结束,恢复最初变量 position 和 i 的数值
        if(i>=str.length){
            position=1;
            i=0;
        }
        setTimeout("Scroll()",interval);
        }
    }
Scroll();
</script>
```

3.3 文字循环滚动效果

3.3.1 文字首尾相接循环滚动显示

1.实例效果

在网页状态栏中显示动态文字效果。如图 3-5 所示。

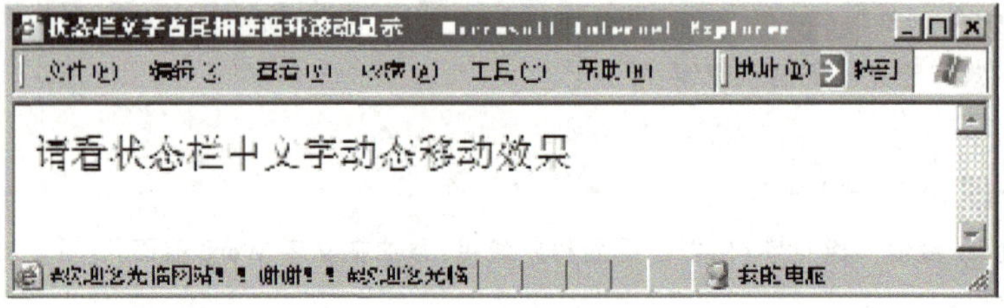

图 3-5 状态栏中文字循环显示

2.任务要求

在网页状态栏中使文字“欢迎您光临网站!! 谢谢!!”从右端向左端不停地首尾相接循环滚动显示。

3.程序设计思路

比如要显示的信息为 1 至 9 的 9 个数字,则在整个状态栏显示范围内要显示出来多组这 9 个数字。为了实现循环显示,定义一个新的字符串,其内容为要显示文字的多次相连接,再由程序控制使新字符串由右至左不断移动且每次移动一个字符。一般地讲,显示区域的长度应该是显示文字信息长度的整数倍 n,例如文字信息长为 10 个字符,则显示区域长为 60 个字符,即 n 为 60/10=6。

4.技术要点

定义字符串 var Word="欢迎您光临网站!! 谢谢!!";

使用字符对象 String 的 substring()方法,提取其中的字符。例如 stringVar.substring(2, 6);

5.程序代码编写

```
<! DOCTYPE html>
<html>
<head>
<title>状态栏文字首尾相接循环滚动显示</title>
<META NAME="Liyuncheng" CONTENT="Email:yunchengli@sina.com">
</head>
<script language="JavaScript">
    <! -- Begin
    var Word="#欢迎您光临网站!! 谢谢!!";
    var i,num,position=0;       var interval=150;
    var str="";
    //定义 num 为在文字前添加空字符的个数
    num=2 * (80/Word.length);
    for(i=0;i<num;i++)
        //在文字前面添加 num 个空字符
        str+=Word;
    function statusScroll(){
        window.status=str.substring(position,position+80);
        position++;
        if(position==60)
            position=0;
        setTimeout("statusScroll()",interval);
    }
    --End -->
</script>
<body>
请看状态栏中文字动态移动效果
<script language="JavaScript">
statusScroll();
</script>
</body>
</html>
```

6.技术拓展

拓展 1:改写头部分中脚本程序,在定义函数内不使用 setTimeout()方法。而在主体部分调用脚本函数时,使用 setInterval()方法。

(1)改写脚本程序中函数为:

```
<script language="JavaScript">
<! --Begin
var i,num,position=0;
var Word="欢迎您光临网站!! 谢谢!!";
var str="";
num=2 * (80/Word.length);
for(i=0;i<num;i++)
  str+=Word;
function statusScroll()
{
    window.status=str.substring(position,position+80);
    //条件中包含了先执行语句 position++
    if(position++==60)
        position=0;
}
End -->
</script>
```

(2)改写主体部分的脚本调用程序为:

```
<script language="JavaScript">
    //使用定时器 setInterval()调用函数
    setInterval("statusScroll()",150);
</script>
</body>
</html>
```

拓展 2:不在<body></body>主体部分内调用 statusScroll()函数,而在<body>标记里调用。

(1)将实例程序中的下面代码清除

```
<script language="JavaScript">
  statusScroll();
</script>
```

(2)在主体标记<body>中添加 onload 事件调用函数

```
<body onload="statusScroll()">
```

思考:

(1)使文字移动速度减慢。

(2)状态栏文字不是移动,而是不断闪动。

3.3.2 状态栏文字在右端与左端之间循环滚动

1.实例效果

在浏览器的状态栏中显示动态文字效果。如图 3-6 所示。

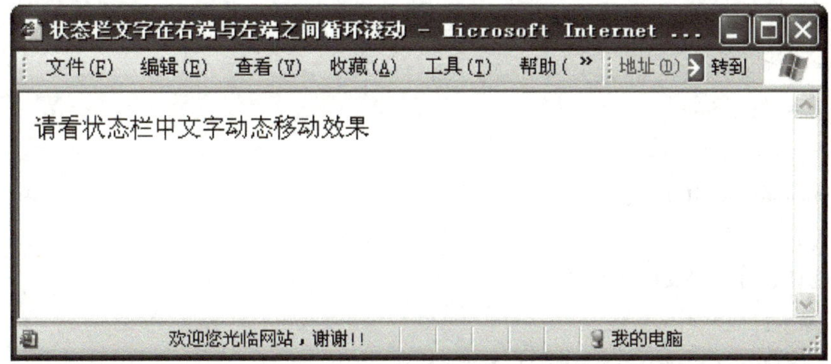

图 3-6　文字从右至左循环滚动

2.任务要求

在网页状态栏中,文字“欢迎您光临网站!! 谢谢!!”从右端逐个进入,然后自右向左循环滚动显示。

3.程序设计思路

所谓从右端进入,就是文字从状态栏的右端一个个显示出来,然后不断向左端移动,到达左端后又反向向右侧移动,到达右端后重复显示。这种效果,程序上是先给指定字符串前面添加空字符,然后在显示文字向左移动时不断去掉前面多余空格,同时向右移动时文字前不断添加空字符。

4.技术要点

定义字符串 var Word="欢迎您光临网站!! 谢谢!! ";

使用字符对象 String 的 substring()方法，提取所对应的字符。

涉及时间间隔就要想到用 setTimeout()这个递归函数。

5.程序代码编写

```
<! DOCTYPE html>
<html>
<head>
<title>状态栏文字在右端与左端之间循环滚动</title>
<META NAME="Liyuncheng" CONTENT="Email:yunchengli@sina.com ">
</head>
<script language="JavaScript">
  <! -- Begin
  var Word="欢迎您光临网站!! 谢谢!!";
  var i,position=0;
  var interval=150;
```

```
 var str=" ";
 //定义在文字前添加空字符数量的变量
 var num=120;
 //c 用于设置向左右移动标记条件
 var c=1;
 var j=0;
 for(i=0;i<num;i++)
   str+=" ";
   str+=Word;
 function statusScroll()
 {
   //设置 c=1 时使文字向左移动
   if(c==1){
       window.status=str.substring(j,str.length);
       j++;
       //当 j 数值与文字前空字符数相等时,设置 c=0 转换文字向右移动
       if(j==num)c=0;
       setTimeout("statusScroll()",interval);
   }
   else if(c==0){
       j--;
       window.status=str.substring(j,str.length);
       if(j==0)c=1;
       setTimeout("statusScroll()",interval);
   }
}
   End -->
</script>
<body >
请看状态栏中文字动态移动效果
  <script language="JavaScript">
     statusScroll();
  </script>
</body>
</html>
```

6.任务拓展

使文字从右端显示出来，并向左端滚动直到消失。

修改脚本程序中函数为：

```
function statusScroll()
{
    window.status=str.substring(j,str.length);
    j++;
    //当 j 数值与字符串长度相等时,设置 j=0 文字重新从右向左移动
    if(j==str.length)
      j=0;
    setTimeout("statusScroll()",interval);
}
```

7.技术拓展

拓展 1:效果同任务拓展,但要求定义函数中包含参数

```
<script language="Javascript">
<! -- Begin
function Scroll(num){//num 调用时设定为一个整数
    var Word=" 欢迎您光临网站,谢谢!!";                    //设定要显示的文字
    var str="";
    var msg=Word+str;                                      //msg 为要显示的内容
    var outWord=" ";                                       //输出字符变量初始化
    var c=1;
    var interval=300;                                      //定义文字移动时间间隔
if(num > 100){
    num-=2;              //改变调用参数以供下次控制的空格数
    var cmd="Scroll("+num+")";                             //设定下一次需要执行的命令
    window.setTimeout(cmd,interval);//设定计时器,准备循环执行
}
else if(num<=100 && num > 0){
    for(c=0 ; c<num ; c++){//为输出字符串前面增加由 num 控制数量的空格
        outWord+=" ";
    }
    outWord+=msg;                                          //输出字符变量后面加入要显示的文字
    num-=2;                                                //改变调用参数以供下次控制的空格数量
    var cmd="Scroll("+num+")";                             //设定下一次需要执行的命令
    window.status=outWord;
    window.setTimeout(cmd,interval);                       //设定计时器,准备循环执行
}
else if(num<=0){                                           //如果调用参数小于 0
    if(-num<msg.length){
        outWord+=msg.substring(-num,msg.length);//直接显示右部剩余字符
```

```
            num-=2;
            var cmd="Scroll("+num+")";
            window.status=outWord;                                //输出显示的内容
            window.setTimeout(cmd,interval);                      //设定计时器,准备循环执行
        }
        else {
            window.status=" ";                                    //清除显示的内容
            timerId=window.setTimeout("Scroll(100)",interval);    //设定计时器,准备循环执行
        }
      }
    }
Scroll(100);
End -->
</script>
```

拓展 2:将实例效果扩展为文字从右侧飞入,依次停留在左端直到全部显示。

程序设计思路:

所谓飞入,实质上是在给定的字符串中,最初显示最前面一个,然后在显示字符串前面加多个空格,再多次去掉空格,即可显示左移效果。接着显示字符串中第 1 个文字,依次在相同时间间隔内取两个、三个……直到最后显示整个字符串内容。

将脚本程序改写如下:

```
<script language="JavaScript">
  var Word="欢迎您光临网站,谢谢!!";
  var interval=8; //决定文字飞入快慢
  var num=80; //文字在状态栏中飞入的空间长度变量
  function Scroll(number,position)
  {
        var msg=Word;
        var out="";
        for(var i=0; i<position; i++){
            out+=msg.charAt(i);
        }
        for(i=1;i<number;i++){
            out+=" ";
        }
        out+=msg.charAt(position);
        window.status=out;
//当字符左端添加的空格全部消去时,给 position 加 1,开始取下一个字符
if(number <=1)
```

```
        { position++;
         if(msg.charAt(position)==" ")
         {
             Now_position++;
         }
         number=num-position;
         }
         else {
             number--;
         }
         if(position!=msg.length){
             var cmd="Scroll("+number+","+position+")";
             window.setTimeout(cmd,interval);
         }
     //当所有的状态栏字符取完后,将参数复位,开始新一轮循环
else{
     window.status="";
     number=0;
     position=0;
     cmd="Scroll("+number+","+position+")";
     window.setTimeout(cmd,interval);
}
}
Scroll(num,0);
</script>
```

思考:

在三种程序设计中,分别是如何控制文字字符移动的?

第 4 章　页面动态文字效果

前一章学习了在状态栏和标题栏中显示动态文字效果。本章将学习如何让页面中的文字动起来。包括文字在单行文本框显示、多行文本框显示，以及以滤镜方式显示等。下面分别探讨各种动态文字显示效果。

4.1 单行文本框中的文字特效

4.1.1 单行文本框文字动态移动

1.实例效果

在页面单行文本框中，显示动态文字效果如图 4-1 所示。

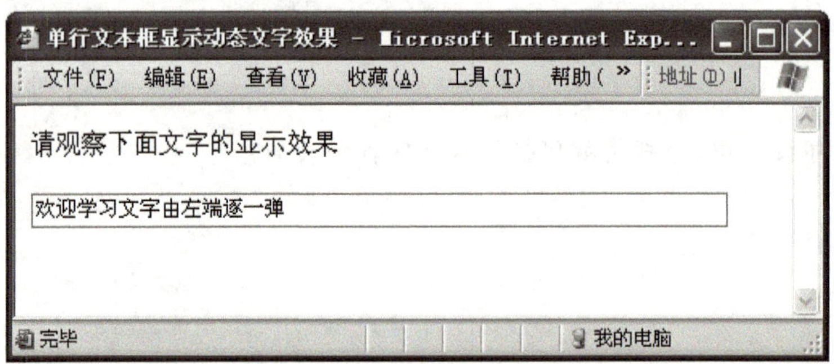

图 4-1　单行文本框显示动态文字

2.任务要求

在网页文档区域文本框中，让文字“欢迎学习文字由左端逐一弹出的动态文字显示效果。谢谢！”从左端逐个弹出，直到全部显示，然后重复。

3.程序设计思路

设计思路同状态栏显示相同，只是将显示对象由状态栏换成单行文本框。当然要在文档区域中首先定义一个文本框。

4.技术要点

利用<form> </form>标签定义表单，同时设置其 id 属性，即<form id="md">。用<input>标签定义文本框，同时设置其 id 属性，即<input id="mdText">。

例如文本框的 id="wd"，要显示的文字为 word="欢迎学习文字由左端逐一弹出的动态文字显示效果。谢谢！"，则其中动态文字的程序为 mdText.value=word.substring(0, subLen);。

涉及时间间隔时，就要想到用 setTimeOut()递归函数。

5.程序代码编写

先创建静态页面代码，在<body></body>主体部分插入单行文本框，定义其 id 号及其属性。然后，将脚本代码放在表单下面。

```
<html>
<head>
  <title>单行文本框显示动态文字效果</title>
  <META NAME="Liyuncheng" CONTENT="Email:yunchengli@sina.com">
</head>
<body>
请观察下面文字的显示效果
<form id="md">
<input type="text" id="mdText" size="60" value="">
</form>
  <script language="JavaScript">
  var word="欢迎学习文字由左端逐一弹出的动态文字显示效果。谢谢！";
  var interval=100;
  var subLen=0;
  function Scroll()
  {
    len=word.length;
    document.md.mdText.value=word.substring(0, subLen);
    subLen++;
    if(subLen >len)
    {
        subLen=1;
        document.md.mdText.value="";
        window.setTimeout("Scroll()", interval);
    }
    else
        window.setTimeout("Scroll()", interval);
  }
```

```
    Scroll();
  </script>
</body>
</html>
```

6.重点代码分析

下列代码使用字符对象的 substring()方法，截取字符串中的部分文字段。

```
document.md.mdText.value=word.substring(0, subLen);
subLen++;
```

其中，subLen 不断变化，当其值大于字符串长度时将其值赋为 1。而第一个参数为 0 是不变的。

4.1.2 任务拓展 1：单行文本框显示动态文字效果 1

设定文本框中显示文字的大小、颜色和字体等属性。

任务拓展 1 效果，如图 4-2 所示。

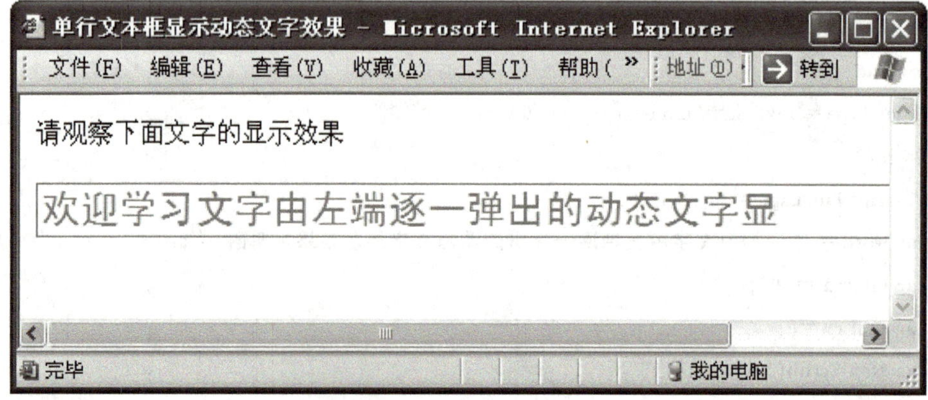

图 4-2 任务拓展 1 效果

1.在程序主体标签部分增加代码

在<body></body>主体部分的文本框标签中，增加 class，属性为 box。即

```
<input type="text" id="mdText" size="60" class="box" value="">
```

2.在程序头部分增加样式设置

在<head></head>头部分增加 ccs 样式，即

```
<style>
  .box{font-size:20pt;color:#FF66CC;font-family:黑体}
</style>
```

此时，页面内的文本框文字，就将以该设置来显示。即文字大小为 20 像素、颜色为红色、字体为黑体。

4.1.3　任务拓展 2：单行文本框显示动态文字效果 2

将文本框放在一个特效表格里，以便美化显示效果。

任务拓展 2 效果，如图 4-3 所示。

图 4-3　任务拓展 2 效果

1.改变程序主体部分的表单属性

主体部分程序的表单段如下：

```
<form id="md">
<input type="text" id="mdText" size="60" value="">
</form>
```

现修改为设置在特定表单标签内，并增加相应的属性。将前面程序替换如下：

```
<form id="md">
<p align="center">
<! --为文本框添加属性-->
<input type="text" id="mdText" size=60 value="" style="background-color: #000000; color: #FFFFFF;overflow:auto">
</form>
```

2.将表单放置在一个特定表格内

创建一个特定表格，设置为 2 行 2 列，第 1 行用于显示表格标题，第 2 行用于显示文本框。程序代码如下：

```
<! --为表格添加属性-->
<table border="2" width="58%" cellspacing="1" cellpadding="0" bordercolorlight="#000000" bgcolor="#808080" height="0">
<tr>
  <td width="100%" align="center"><b>文本框显示打字效果</b></td>
</tr>
<tr>
  <td width="100%" height="110">
<form id="md">
```

```
<p align="center">
<! --为文本框添加属性-->
<input type="text" id="mdText" size="60" value="" style="background-color: #000000; color: #FFFFFF;overflow:auto">
</td>
  </tr>
</form>
</table>
```

3.重点代码分析

用<table></table>创建表格，为表格增加如下属性。

表格边框宽度为 border="2"，表格宽度为 width="58%"，单元格表元间距设置为 cellspacing="1"，表元内部填充设置为 cellpadding="0"，表格边框色彩亮度为 bordercolorlight="#000000"，单元格内颜色为 bgcolor="#808080"，表格边框高度为 height="0"。

在文本框标签中增加的样式属性，包括背景色为 background-color: #000000，文字颜色为 color: #FFFFFF，overflow:auto 为若内容被修剪，浏览器会显示滚动条，以便查看其余的内容。

4.1.4 任务拓展 3: 文本框中文字跑马灯效果

使文本框中文字动态地来回运动显示。

任务拓展 3 效果，如图 4-4 所示。

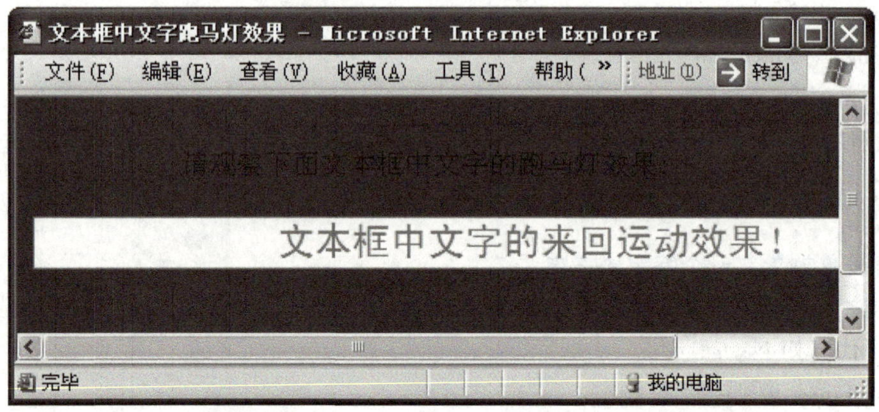

图 4-4 文字来回运动效果

1.在<body> </body> 主体部分添加网页中所有显示元素

所要添加的内容包括：设定文档区域的颜色、文字显示属性、创建带有 name 属性的表单和文本框等。

2.在<head> </head> 头部分编写脚本代码

编写脚本代码并定义函数 Scroll()，实现文字的移动。特别注意将文字效果赋给 document.md.mdText.value 属性，即 document.md.mdText.value=Space+Word。

3.调用程序中函数

在<body>中使用 onload 事件调用文字效果函数。即<body bgcolor="＃226633" onload="Scroll()">

4.程序代码编写

```
<! DOCTYPE html>
 <html>
   <head>
   <title>文本框中文字跑马灯效果</title>
   <META NAME="Liyuncheng" CONTENT="Email:yunchengli@sina.com">
   <style>
     .box{font-size:18pt;color:＃FF66CC;font-family:黑体}
     </style>
     <script language=JavaScript >
       word="文本框中文字的来回运动效果!";
       var interval=100;
       var subLen=40;
       var Pos=subLen;
       var Vel=2;
       //定义一个记号变量
       Dir=1;
       //与字符串长度有关的变量 subLen=subLen-Word.length
       subLen-=Word.length;
       function Scroll(){
         //使用简化的 if 语句,对变量 Pos 赋新值
         Dir==1 ? Pos-=Vel : Pos+=Vel;
         if(Pos <1)
         { //更改 Dir 和 Pos 变量的值
             Dir=0;
             Pos=1;
         }
         if(Pos >subLen)
         {
             Dir=1;
             Pos=subLen;
         }
         //存放空字符
         Space="";
```

```
            //为变量 Space 添加空字符
            for(i=1; i<Pos; i++)
            {
                Space+=" ";
            }
            //定义带有空隙字符变量 Space 和字符串变量 Word 赋值
            document.md.mdText.value=Space+Word;
            //设置超时,使文字反复显示
            setTimeout("Scroll();", interval);
        }
    </script>
</head>
<body bgcolor="#226633" onload="Scroll()">
<center>
<br>
    <p><font size="4" color="#0000FF" face="楷体">
请观察下面文本框中文字的跑马灯效果:</font></p>
<form name="md">
<input size="50" name="mdText" class="box">
</form>
<br><br>
</center>
</body>
</html>
```

5.重点代码分析

下列代码用于判断文字向左或向右移动,相应地在 Space 中减少添加的空字符或增加空字符数目。

```
Dir==1 ? Pos-=Vel : Pos+=Vel;
if(Pos <1)
{ //更改 Dir 和 Pos 变量的值
    Dir=0;
    Pos=1;
}
if(Pos >subLen)
{
    Dir=1;
    Pos=subLen;
}
```

```
//存放空字符
 Space="";
//为变量 Space 添加空字符
for(i=1; i<Pos; i++)
{
    Space+=" ";
}
document.md.mdText.value=Space+Word;
```

其中语句 document.md.mdText.value=Space+Word,依据变量 Space 中的空格数目,将显示出文字向左或向右移动的效果。

4.1.5　任务拓展 4: 文字打字显示效果

使文本框中的文字以打字效果显示多个文字段。

打字效果显示文字特效,如图 4-5 所示。

图 4-5　以打字效果显示多个文字段

1.程序代码编写

将脚本代码放在<body></body>标签内。

```
<! DOCTYPE html>
<html><head><title>文字打字显示效果</title>
<META CONTENT=Email:yunchengli@sina.com NAME=Liyuncheng></head>
<body>
<script language=JavaScript1.2>
<! --
//设置滚动的内容
var word=new Array()
word[1]="欢迎学习 JavaScript 网页特效"
word[2]="http://dynamicdrive.com/"
word[3]="这是你我的网页特效家园"
```

```
word[4]="欢迎您给我们提出宝贵意见!"
word[5]="欢迎您加入网站的建设队伍!"
//设置字体大小
var word_fontsize="16px"
//--Don't edit below this line
var longestmessage=1
for(i=2;i<word.length;i++){
    if(word[i].length>word[longestmessage].length)
    longestmessage=i
}
//自动设置 scroller 长度
var scroller_width=word[longestmessage].length
lines=word.length-1 //文字段数目
//如果浏览器为:IE 4+or NS6
if(document.all||document.getElementById)
{   document.write('<form name="bannerform">');
    document.write('<input type="text" name="banner" size="'+scroller_width+5+'"');
    document.write(' style="background-color: '+document.bgColor+'; color: '+
    document.body.text+'; font-family: verdana; font-size: '+word_fontsize+';
    font-weight:bold; border: medium none" onfocus="blur()">');
    document.write("</form>");
}
temp=""
nextchar=-1;
nextline=1;
cursor="\\"
function animate()
{
  if(temp==word[nextline] & temp.length==word[nextline].length & nextline!=lines)
  {    nextline++;
       nextchar=-1;
       document.bannerform.banner.value=temp;
       temp="";
       setTimeout("nextstep()",3000)}
   else if (nextline==lines & temp==word[nextline]& temp.length==word[nextline].length)
   {    nextline=1;
        nextchar=-1;
```

```
            document.bannerform.banner.value=temp;
            temp="";
            setTimeout("nextstep()",3000);
        }
        else{ nextstep();
        }
}
//定义函数，完成文字右边的光标样式，由"\"变成"|"变成"/"变成"—"
function nextstep()
{ if(cursor=="\\")
    {cursor="|"
    }
  else if(cursor=="|")
      {cursor="/"
      }
  else if(cursor=="/")
      {cursor="—"
      }
  else if(cursor=="—")
      {cursor="\\"
      }
  //指向下一个文字
  nextchar++;
  //选取 nextline 行的第 nextchar 个文字并与前面的文字成为文字段
  temp+=word[nextline].charAt(nextchar);
  //显示所选取的文字及其 cursor 样式
  document.bannerform.banner.value=temp+cursor
  setTimeout("animate()",100)
}
//如果浏览器为 IE 4+or NS6
if(document.all||document.getElementById)
   window.onload=animate
//-->
</script>
</body>
</html>
```

2.重点代码分析

(1)下列代码段用于找到哪个文字段最长。

```
var longestmessage=1
for(i=2;i<word.length;i++){
    if(word[i].length>word[longestmessage].length)
    longestmessage=i
}
```

(2)下列代码段,用于动态创建一个文本框,并设置了 name 或 id,以及其他相应属性。

```
if(document.all||document.getElementById)
{   document.write('<form name="bannerform">');
    document.write('<input type="text" name="banner" size="'+scroller_width+5+'"');
    document.write(' style="background-color: '+document.bgColor+'; color: '+
    document.body.text+'; font-family: verdana; font-size: '+word_fontsize+';
    font-weight:bold; border: medium none" onFocus="blur()">');
    document.write("</form>");
}
```

其中 onfocus="blur()",设置了当文本框为焦点时失去输入功能。即 blur()的作用就是去除聚焦,换句话说就是用户不能够输入文本了。

(3)animate()和 nextstep()函数,前者完成显示文字特效,后者完成显示光标特效。

(4)下列代码段,使用 onload 事件调用动态显示效果。

```
//if 浏览器为 IE 4+or NS6
if(document.all||document.getElementById)
  window.onload=animate
```

重点强调

针对文本框进行编程之前,创建表单和文本框时,要在标签中增加属性 name 或 id,以便为编程时通过这个属性找到文本框的 value 属性并赋值。

4.2 多行文本框动态效果

4.2.1 多行文本框的跳动小人

1.实例效果

在网页的多行文本框中显示一个跳动的小人,如图 4-6 所示。

2.任务要求

在网页文档区域内使用多行文本框,显示跳动小人效果,并不断重复。小人可以在多行文本框中利用字符和符号构成。

图 4-6　显示跳动小人

3.程序设计思路

将动画中的每个状态定义为字符串数组中的元素，例如定义特定字符串数组：content=new Array("0"+/n+"/|\\"+/n+" * / \\ * "+/n……)；其中"\"和">"等要加转义符"\"。字符数组中的第 1 个元素，content[0]就是一个小人的形状。

在编程时利用数组的下标进行操作调用，来确定小人跳动的相应状态。

4.技术要点

利用<form></form>标签定义文本框。

例如：

```
<form id=f1>
<textarea id="t1" cols="16" rows="5" style="scroll-bar :no"></textarea>
</form>
```

在文本框中显示字符串：f1.t1.value=" "+/n+content[i]；

涉及时间间隔时，就要想到用 setTimeout()递归函数。

5.程序代码编写

```
<! DOCTYPE html>
<html>
<head>
<title>多行文本框中显示动态效果</title>
<META NAME="Liyuncheng" CONTENT="Email:yunchengli@sina. com ">
</head>
<script language="JavaScript">
<! -- Begin
var sta="\n";
//使用数组对象 Array()定义数组及其元素为 28 个特定字符
content=new Array(
"    o"+sta+
"   /|\\"+sta+
" * / \\ *        "+sta,
```

```
"    o_"+sta+
"   \<|  *"+sta+
"    *\>\\      "+sta,
"   _o/*"+sta+
" *  |"+sta+
"   /\\      "+sta,
" *o_"+sta+
"   / *"+sta+
"\<\\          "+sta,
" _o/*"+sta+
" *  |"+sta+
"/\\      "+sta,
" *\\c/*"+sta+
"   )"+sta+
"   /\>          "+sta,
"      *"+sta+
"   \\__/c"+sta+
"   \> \\*      "+sta,
"   __/"+sta+
"     (o_ *"+sta+
"     \\*      "+sta,
"     \\ /"+sta+
"     |"+sta+
"    */o\\*      "+sta,
"     \\_"+sta+
"     ("+sta+
"      */o\\*      "+sta,
"          \<_"+sta+
"      __("+sta+
"      * o|*      "+sta,
"          /_"+sta+
"       __("+sta+
"      * o|* "+sta,
"          ___"+sta+
"      *\/ \>"+sta+
"       o|*   "+sta,
"         *"+sta+
"          o|_/"+sta+
```

```
"      */\\   "+sta,
"        *"+sta+
"      _o|_"+sta+
"    * \>\\       "+sta,
"      _o/*"+sta+
"       * |"+sta+
"      /\\"+sta,
"       *\\o/*"+sta+
"         |"+sta+
"      /\\"+sta,
"      c/*"+sta+
"      \<\\"+sta+
"       */\\      "+sta,
"      c__"+sta+
"      \<\ *"+sta+
"       */\\      "+sta,
"      c__"+sta+
"      /\ *"+sta+
"    * /\>      "+sta,
"      c/*"+sta+
"    /(__"+sta+
"    * /      "+sta,
"    __o/*"+sta+
"    *(__"+sta+
"      \<      "+sta,
"      __o_"+sta+
"       * / *"+sta+
"      \<\\      "+sta,
"       *_o_"+sta+
"         | *"+sta+
"      \<\\      "+sta,
"       *_c_*"+sta+
"         |"+sta+
"         \>\\      "+sta,
"       *_c_*"+sta+
"         |__"+sta+
"         \>"+sta,
"       *_c_*"+sta+
```

```
"        __|__"+sta+
"                "+sta,
""+sta+
"          * _c_ * "+sta+
"          __)__      "+sta,
""+sta+
"         * \\c/ * "+sta+
"       __)__ "+sta
);
var i=0;
var staLen=content.length;
function dance()
{
  f1.t1.value=""+sta+content[i];
  i++;
  if(i! =staLen)
    setTimeout("dance()", 200);
  else
    i=0;
}
// End -->
</script>
<body onload="dance()">
<center>
<form id="f1">
<textarea cols="16" id="t1" rows="5" style="scroll-bar: no">
</textarea>
<br>  
<input type="button" onClick="javascript:dance()" value="重新开始">
</form>
</body>
</html>
```

6.重点代码分析

(1)在数组元素 CONTENT 赋值定义中，其内容都是特定字符。所显示的特效其实就是让按规律排好的字符依次出现在页面上。

(2)若要彻底去掉文本框中的滚动条，则将样式属性替换为 overflow:auto。

(3)若要设置小人不停地跳动下去，可以将脚本中的函数 dance()代码改成：

```
function dance()
{
  f1.t1.value=""+sta+content[i];
  if(i! =staLen-1)
       {i++;}
  else
       {i=0;}
  setTimeout("dance()", 200);
}
```

页面的动画将会重复展示。

4.2.2　任务拓展 1: 多行文本框中动态文字效果 1

在多行文本框中以打字效果显示文字段,间隔一会显示下一段。

任务拓展 1 效果,如图 4-7 所示。

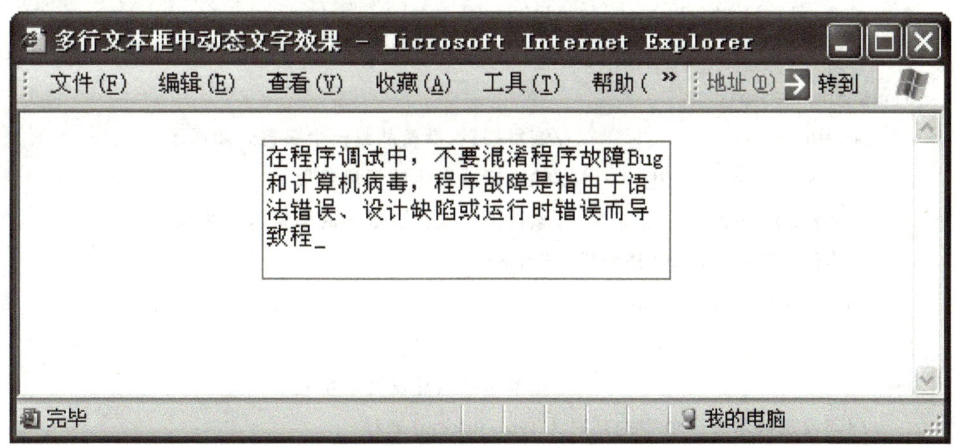

图 4-7　在多行文本框中以打字效果显示文字并间隔显示文字段

1.在< head> < /head> 头部分添加脚本程序

```
<script language="JavaScript">
<! -- Begin
var max=0;
var interval=2000;                    //每条信息保持时间
var type_interval=50;                 //显示每个字时间间隔
//定义需要显示的文字段条目
sta=new Array(
 "JavaScript 是一种脚本语言,指其程序是在 Web 浏览器内由解释器解释并执行的编程语言。使用脚本语言编写的程序,都是在脚本引擎装载 HTML 页面时执行的。",
```

```
    "JavaScript是欧洲计算机制造商联合会，即ECMA，定义的一个国际通用的标准化版本的语言，也被称为ECMAScript。Microsoft的JScript与ECMAScript完全兼容。",
    "许多人误认为JavaScript与Java编程语言相关，或者是它的一个简化版本。其实它们是完全不同的。尽管Java也常用于创建Web页，但它是独立于浏览器的外部程序。",
    "在程序调试中，不要混淆程序故障Bug和计算机病毒，程序故障是指由于语法错误、设计缺陷或运行时错误而导致程序发生的问题。病毒是完全对程序起恶意破坏作用。",
    "现在我们用Netscape(网景)公司最先推出的JavaScript来做网页动态文字特效的演示!"
//这里是5个文字段，还可以根据需要增加
);
max=sta.length;
var i=0; pos=0;                    //初始化变量
var len=sta[0].length;             //取得第一条消息的长度
//定义依次显示文字段的主函数
function typer(){
    //显示第x条信息的前pos个字符，并在最后面添加类似光标的下划线
    document.md.mdText.value=sta[i].substring(0, pos)+"_";
    //将需显示的结束部分后移一个字符，如果超出了信息最大长度，则表明本条信息已经显示完整
    if(pos++==len){
        pos=0;                     //恢复指针，准备从第一个字符开始显示
        if(++i==max)i=0;           //轮换需要显示的信息条目
        len=sta[i].length;         //取得下一次需要显示的那条信息的长度
        //将信息保持interval毫秒后，显示下一条
        setTimeout("typer()", interval);
    }
    else                           //如果本条信息没有显示完
        //则设定显示下一个字的延时为type_interval毫秒
        setTimeout("typer()", type_interval);
}
End -->
</script>
```

2.在< body> < /body> 主体部分添加代码和标签

```
<body onLoad="typer()" text="#00FFFF">
<form name="md">
<p align="center">
<! --为文本框添加属性-->
<textarea name="mdText" rows="5" cols="31" style="overflow:auto">初始信息</textarea>
</body>
```

4.2.3 任务拓展 2：多行文本框中动态文字效果 2

将上例文本框变成黑色底色，则效果如图 4-8 所示。

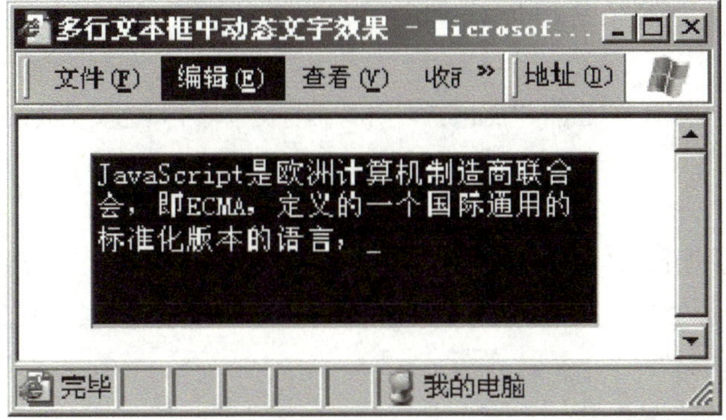

图 4-8　改变文本框底色效果

(1)在文本框标签内添加样式及其属性：

<textarea name="mdText" rows="5" cols="31" style="background-color：#000000；color：#FFFFFF;overflow:auto">初始信息</textarea>

(2)样式属性中:overflow:auto 设置了多行文本框的滚动条隐藏起来，不再显现。

4.2.4 任务拓展 3：多行文本框中动态文字效果 3

将上例文本框放在 3 行 1 列表格中的第 2 行，同时设置表格属性。

任务拓展 3 效果，如图 4-9 所示。

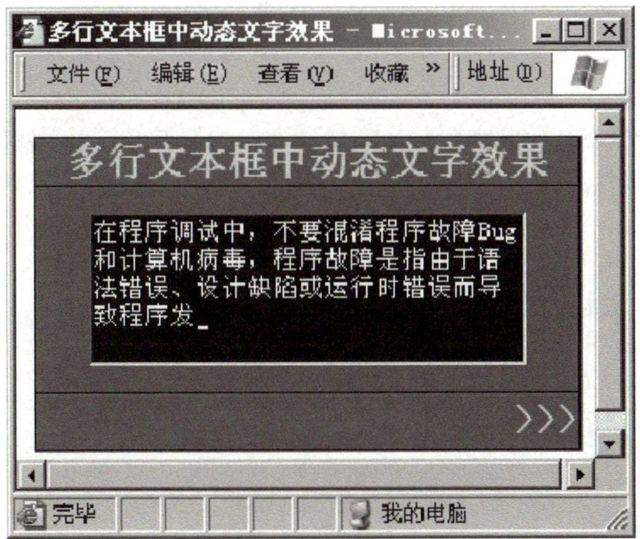

图 4-9　将文本框嵌入表格内

1.添加表格

在<body></body>主体部分添加如下表格标签及其属性。

```
    <! --为表格添加属性-->
    <table border="1" width="300" cellspacing="0" cellpadding="0" bordercolorlight="#000000"
    bgcolor="#338811" height="0">
    <tr>
      <td width="100%" align="center"><b>多行文本框中动态文字效果</b></td>
    </tr>
    <tr>
      <td width="100%" height="110">
<p align="center">
<form name="md">
<! --为文本框添加属性-->
<textarea name="mdText" rows="5" cols="31"style="background-color: #000000; color:
#FFFFFF;overflow:auto">初始信息
</textarea>
</td>
    </tr>
</form>
<tr>
      <td width="100%" height="30">
        <p align="right"><b>&gt;&gt;&gt;</b>
      </td>
    </tr>
</table>
```

2.重点代码分析

表格中设置背景颜色的属性为 bgcolor="#338811",而多行文本框的背景颜色则是在样式表中定义,其属性为:background-color: #000000。注意二者的差异。

4.3 文本框中的动态公告

4.3.1 多条公告显示

1.实例效果

单击页面的"阅读"按钮和"公告栏"按钮,则会在多行文本框中顺序和倒序显示文字信息。如图 4-10 所示。

图 4-10　页面的公告栏

2.任务要求

在页面的表格中插入多行文本框、按钮和单行文本框，单击“阅读”按钮将顺序显示每条文字，单击“公告栏”按钮将倒序显示每条文字，同时在单行文本框中提示为第几条信息。

3.程序设计思路

(1)首先在页面中创建一个表格并设置表格各种属性，将多行文本框嵌入第 1 行第 1 列，同时定义其 name 或 id 属性；将“公告栏”按钮、单行文本框和“阅读”按钮，分别嵌入第 2 行第 1 列、第 2 列和第 3 列，显示其为“公告栏”“共 8 条”“阅读”。

(2)脚本程序编写，完成两个任务：单击“阅读”按钮时顺序显示信息条目；单击“公告栏”按钮时倒序显示信息条目。

(3)将编写的两个功能函数分别赋给两个按钮。

4.技术要点

前面学过的在文本框中显示文字都是通过其 id 属性值找到对应的对象，来完成文字的赋值显示。

而本例中则使用了文档元素按位置访问的格式，找到显示文字的文本框对象，这也是常用的一种方式。例如：

```
document.forms[0].elements[0].value=Text;
```

首先，表示文档区域中第 1 个表单中的第 1 个元素，将其属性 value 赋值 Text。这种访问方式是按照位置进行的，其原理是基于 HTML 文档中某类标签的数量，若当中的某个标签被删除，这种用数组表示的方式就会出现错误，一定要避免这种情况发生。

其次，在定义函数中巧妙地使用 return 语句，将所需要的变量值返回。例如：

```
return(Text);
```

最后，针对这两个按钮，使用了 onClick 事件调用相应函数，以便完成特定任务。例如：

```
onClick="nextMessage()"
```

5.程序代码编写

```
<! DOCTYPE html>
<html>
<head>
<title> 多条公告栏</title>
<META NAME="Liyuncheng" CONTENT="Email:yunchengli@sina. com">
```

```
<script language="JavaScript">
<! --设计一个控制多条信息的公告栏
var i=0;
//控制信息是否显示一个周期
var TextNumber=-1;
//使用 Object()对象定义数组实例
var TextInput=new Object();
//用于加载控制信息条目
var HelpText="";
//用于加载信息
var Text="";
//显示每个字的事件间隔(数字越小,速度越快)
var Interval=50;
//显示信息条数量
var message=0;
//used to position text in ver 2.0
var addPadding="\r\n";
//定义多条信息文字段
TextInput[0]="今天有一个新的网站介绍给您。";
TextInput[1]="欢迎您的光临！本站为您提供大量 JavaScript 下载。";
TextInput[2]="重点介绍 JavaScript。";
TextInput[3]="与制作网页特效密切相关的技术。";
TextInput[4]="本站同时还有其他栏目。";
TextInput[5]="还有技术进展新闻及相关的资料。";
TextInput[6]="还有宽带网方面的大量技术文章。";
TextInput[7]="本站网址为 http://dynamicdrive.com/";
TotalTextInput=7; //(0, 1, 2, 3, 4, 5, 6, 7)
//配置不同版本 versions 的单个字显示间隔
var Version=navigator.appVersion;
if(Version.substring(0, 1)==3)
{
    Interval=200;
    addPadding="";
}
for(var addPause=0; addPause<=TotalTextInput; addPause++)
//在每段文字前添加空字符
{TextInput[addPause]=addPadding+TextInput[addPause];
}
```

```
//定义两个标号和逻辑变量
var TimerId
var TimerSet=false;
//在“阅读”按钮中调用,显示下一条信息
function nextMessage()
{
    if(! TimerSet)//第一次调用时条件为真
    {   TimerSet=true;
        clearTimeout(TimerId); //停止或清除递归
        if(TextNumber >=TotalTextInput)
        {   alert("这是最后一条信息了!");
            TimerSet=false;
        }
    else
    {
        TextNumber+=1;
        //显示第几条信息
        message=TextNumber+1;
        //在单行文本框中显示第几条信息的提示
        document.forms[0].elements[2].value=message;
        //找到要显示的信息条
        Text=TextInput[TextNumber];
        //将文字段赋值给 HelpText
        HelpText=Text;
    }
    //将文字段以打字效果显示出来
    showText();
    }
}
//用 rollMessage()函数显示文字
//打字效果速度控制
function showText()
{
    if(TimerSet)
    {
        Text=rollMessage();
        TimerId=setTimeout("showText()", Interval);
        //使用文档元素按位置访问格式,显示字符串
```

```
        document.forms[0].elements[0].value=Text;
    }
}
//将文字段中文字在定义的时间间隔内一个个显示,并且将取得的字符串返回
function rollMessage()
{   //i指向一个特定文字,第一次执行i值为1
    i++;
    var CheckSpace=HelpText.substring(i-1, i);
    //在获取的字符串前添加一个空格符
    CheckSpace=""+CheckSpace;
    if(CheckSpace==" ")
      {  i++;}//第一次执行后i值为2
    if(i >=HelpText.length+1)
    {
        TimerSet=false;
        Text=HelpText.substring(0, i);
        i=0;
        return(Text);
    }
    //一个文字段中的第1个到第i+1个字符串
    Text=HelpText.substring(0, i);
    //将取得的字符串返回
    return(Text);
}
//在body标签部分加载标题时调用
function initTType()
{
    Text="\r\n Manual Tele-Type Display";
    //将取得的字符串显示出来
document.forms[0].elements[0].value=Text;
}
//在"公告栏"按钮中调用,倒序显示文字段信息
function converseMessage()
{
   if(! TimerSet && TextNumber! =-1)
    {
        TimerSet=true;
```

```
        clearTimeout(TimerId);
        if(TextNumber <=0)
        {
            alert("这已经是第一条信息了!");
            TimerSet=false;
        }
        else
        {
            TextNumber-=1;
            message=TextNumber+1;
            //在单行文本框中显示第几条信息
            document.forms[0].elements[2].value=message;
            Text=TextInput[TextNumber];
            //将文字段赋值给 HelpText
            HelpText=Text;
        }
    //以打字效果显示信息条
    showText();
    }
}
-->
</script>
</head>
<body>
<form>
<table CELLSPACING="0" CELLPADDING="0" WIDTH="17%">
<tr><td width="100%" colspan="3" valign="top">
  <textarea NAME="teletype" ROWS="3" COLS="28" wrap="yes">
  单击阅读按钮显示文字信息!
  </textarea></td></tr>
<tr align="center">
<td width="40%" valign="top" bgcolor="#EEEEEE">
<input TYPE="button" VALUE="公告栏" onClick="converseMessage()"></td>
<td width="30%" bgcolor="#C8C8C8" valign="top">
<input TYPE="text" value="共 8 条" SIZE="5" name="1"></td>
<td width="30%" bgcolor="#EEEEEE" valign="top">
<input TYPE="button" VALUE="阅 读" onClick="nextMessage()"></td>
</tr>
```

```
</table>
</form>
</body>
</html>
```

6.重点代码分析

(1)在 nextMessage()函数中,通过如下程序控制待显示文字条目和公告显示是否结束。其中变量 TextNumber 的初始值被巧妙地定义为－1,这样的设置很有技巧,并非是通常声明变量的初始值 0。

```
if(TextNumber >=TotalTextInput)
  { alert("这是最后一条信息了!");
    TimerSet=false;
  }
else
  {
     TextNumber+=1;
     //显示第几条信息
     message=TextNumber+1;
     //在单行文本框中显示第几条信息的提示
     document.forms[0].elements[2].value=message;
     //找到要显示的信息条
     Text=TextInput[TextNumber];
     //将文字段赋值给 HelpText
     HelpText=Text;
  }
```

巧妙地设置了逻辑变量 TimeSet 的初始值为 false。

(2)在页面中的两个按钮元素,分别利用 onClick 事件调用了相应的函数。

```
<input TYPE="button" VALUE="公告栏" onClick="converseMessage()">
<input TYPE="button" VALUE="阅 读" onClick="nextMessage()">
```

4.3.2 任务拓展:带图片的公告栏

将上例效果拓展为:文字和图片混排的公告栏,信息不停地滚动。

1.实例效果

任务拓展效果,如图 4-11 所示。

2.任务要求

在页面中设置固定的公告栏区域,公告栏内有多条信息滚动循环显示,显示内容既有文字又有图片,有些条目还定义有超级链接。当鼠标指向公告栏区域时信息条将停止滚动,移开时信息条继续滚动。单击超级链接时将链接到相应网址。

图 4-11　文字和图片混排的公告栏

3.程序设计思路

在页面中定义层或块作为公告栏的容器。使用脚本程序，在容器内动态地定义滚动显示信息的层，层中一定要定义 id 和其他样式属性。然后编写脚本程序，用来控制信息条目的滚动显示，及其相应属性。

4.技术要点

(1)在定义层时，一般要同时涉及层的属性。这里使用了样式定义。例如：

```
style="position:relative;overflow:hidden;width:'+swidth+';height:'+sheight+';clip:rect(0 '+
swidth+' '+sheight+' 0);border:1 solid red;" onmouseover="sspeed=0;" onmouseout="sspeed=2"
```

其中 overflow 属性，是当内容超出其所在容器的区域时，它应该如何设置。它可以有如下设置选项：visible、hidden、scroll 和 auto，各选项含义为：

overflow:visible，内容不会被省掉而会显示在容器外面。

overflow:hidden，内容会被省掉，但页面不显示滚动条。

overflow:scroll，内容被省略掉，但页面会显示滚动条，以用来查看剩余的内容。

overflow:auto，如果内容多出了，页面自动显示滚动条，以用来查看剩余的内容。

其中，width:swidth 和 height:sheight 中的 swidth、sheight 为脚本程序中的全局变量。

clip:rect(0 "+swidth+" "+sheight+" 0)，用于设置其矩形显示区域的宽和高。

onmouseover="sspeed=0;"和 onmouseout="sspeed=2"，是事件绑定属性。当鼠标指向 onmouseover 时，设定 sspeed 值为 0，即停止滚动。而鼠标离开 onmouseout 时，设定 sspeed 值为 2，即继续滚动。

(2)设定信息条滚动为向上，即层的属性 pixelTop 定义为不断减小。例如：

div_id.style.pixelTop-=sspeed

5.程序代码编写

(1)在主体部分，创建一个层和块用于承载显示公告的容器。例如：

```
<div align="center">
<span style="borderWidth:1; borderColor:red; width:350; height:72; background:FFFFCC">
</span></div>
```

注意：对 IE 和网景 NN(注：原来希望对 NN 浏览器进一步说明)浏览器代码是有区别的。有关 NN 浏览器代码的其他代码，这里提供作为参考。

(2)在头部分编写脚本程序,包括:定义要显示的公告条目内容;公告条目显示效果等。

(3)在前面主体部分所定义的块内,使用语句动态地创建显示信息图层以及对信息的控制。

```
<! DOCTYPE html>
<html>
 <head>
  <title> 带图片的公告栏</title>
  <META NAME="Liyuncheng" CONTENT="Email:yunchengli@sina. com">
<script language="JavaScript">
<! -- Begin
//滚动条的宽度 width
var swidth=380
//滚动条的高度 height
var sheight=72
//公告滚动的速度
var sspeed=2
//公告信息中还可以包含 Hyperlinks,即:<a target="..." href="... URL ...">...message...</a>
var singleText=new Array()
singleText[0]='<div align="center"><font face="Arial" size="3" color="red"><b>公告栏
</b><br><br>这里可以使用超级链接<b><a href="http://dynamicdrive.com/">JavaScript 网
页特效</a></b></font></div>'
singleText[1]='<div align="center"><font face="Arial" size="3" color="red">如果您愿意的话也
可以把图片带进来使用<br><img src="../gif/1.gif" border="0"></font></div>'
singleText[2]='<div align="center"><font face="Arial" size="3" color="red">当然可以根据您自
己的需要再任意发挥<i>你</i>的<b>想象力</b></font></div>'
singleText[3]='<div align="center"><font face="Arial" size="3" color="red"><b>JavaScript 网
站</b><br>永远欢迎您</font></div>'
if(singleText.length>1)
  i=1
else
  i=0
function start()
{
  //IE 浏览器
  if(document.all){
      ieslider1.style.top=sheight
      iemarquee(ieslider1)
}
```

```
//NN网景浏览器
else if(document.layers){
    document.ns4slider.document.ns4slider1.top=sheight
    document.ns4slider.document.ns4slider1.visibility="show"
    ns4marquee(document.ns4slider.document.ns4slider1)
}
else if(document.getElementById&&! document.all){
    document.getElementById("ns6slider1").style.top=sheight
    ns6marquee(document.getElementById("ns6slider1"))
}
}
//定义文字滚动效果的函数
function iemarquee(whichdiv)
{//利用 eval()函数计算
  iediv=eval(whichdiv)
  if(iediv.style.pixelTop>0&&iediv.style.pixelTop<=sspeed){
      iediv.style.pixelTop=0
      setTimeout("iemarquee(iediv)",100)
  }
  if(iediv.style.pixelTop>=sheight*-1){
      iediv.style.pixelTop-=sspeed
      setTimeout("iemarquee(iediv)",100)
  }
  else{
      iediv.style.pixelTop=sheight
      iediv.innerHTML=singleText[i]
  if(i==singleText.length-1)
      i=0
  else
      i++
  }
}
function ns4marquee(whichlayer)
{   ns4layer=eval(whichlayer)
    if(ns4layer.top>0&&ns4layer.top<=sspeed){
        ns4layer.top=0
        setTimeout("ns4marquee(ns4layer)",100)
    }
```

```
    if(ns4layer.top >=sheight * -1){
        ns4layer.top-=sspeed
        setTimeout("ns4marquee(ns4layer)",100)
    }
    else{
        ns4layer.top=sheight
        ns4layer.document.write(singleText[i])
        ns4layer.document.close()
    if(i==singleText.length-1)
        i=0
    else
        i++
    }
}
function ns6marquee(whichdiv){
    ns6div=eval(whichdiv)
    //用函数 parseInt()转换为整数
    if(parseInt(ns6div.style.top)>0&&parseInt(ns6div.style.top)<=sspeed){
        ns6div.style.top=0
        setTimeout("ns6marquee(ns6div)",100)
    }
    if(parseInt(ns6div.style.top)>=sheight * -1){
        ns6div.style.top=parseInt(ns6div.style.top)-sspeed
        setTimeout("ns6marquee(ns6div)",100)
    }
    else{
        ns6div.style.top=sheight
        ns6div.innerHTML=singleText[i]
        if(i==singleText.length-1)
            i=0
        else
            i++
    }
}
// End -->
</script>
```

```
</head>
<body onLoad="start()">
<div align="center">
<span style="borderWidth:1; borderColor:red; width:350; height:72; background:FFFFCC">
<! --针对网景浏览器-->
<ilayer id="ns4slider" width="&{swidth};" height="&{sheight};">
<layer id="ns4slider1" height="&{sheight};" onmouseover="sspeed=0;"
onmouseout="sspeed=2">
<script language="JavaScript">
if(document.layers)
  document.write(singleText[0])
</script>
</layer></ilayer>
<script language="JavaScript">
//针对 IE 浏览器
if(document.all){
    document.writeln('<div style="position:relative;overflow:hidden;
    width:'+swidth+';height:'+sheight+';clip:rect(0 '+swidth+' '+sheight+' 0);
    border:1 solid red;" onmouseover="sspeed=0;" onmouseout="sspeed=2">');
    document.writeln('<div id="ieslider1" style="position:relative; width:'+swidth+';">');
    document.write(singleText[0]);
    document.writeln('</div></div>');
 }
if(document.getElementById&&! document.all){
    document.writeln('<div style="position:relative;overflow:hidden;
    width:'+swidth+';height:'+sheight+';clip:rect(0 '+swidth+' '+sheight+' 0);
    border:1px solid red;" onmouseover="sspeed=0;" onmouseout="sspeed=2">');
    document.writeln('<div id="ns6slider1" style="position:relative; width: '+swidth+';">');
    document.write(singleText[0]);
    document.writeln("</div></div>");
 }
</script>
</span>
</div>
</body>
</html>
```

6.重点代码分析

(1)公告信息条目的定义,例如:

```
singleText[0]='<div align="center"><font face="Arial" size="3" color="red"><b>公告栏</b><br><br>这里可以使用超链接<b><a href="http://dynamicdrive.com/">JavaScript 网页特效</a></b></font></div>'
```

除了定义在层中显示内容外,还包括显示格式要求。同时还定义了超级链接及其网址。

(2)在定义文字滚动效果函数 iemarquee(whichdiv)内,由于函数使用了参数 whichdiv,在其中定义了如下语句:

```
iediv=eval(whichdiv)
```

即通过 eval()函数对参量返回字符串表达式中的值。后面还使用了 parseInt()函数,将其中的值转换为整数。

(3)在函数 iemarquee()内,语句 iediv.style.pixelTop－＝sspeed 定义了信息条向上滚动的坐标变化。

(4)在主体部分的脚本程序中,完成动态地创建文字显示的层及其 id 属性等。

```
document.writeln('<div style="position:relative;overflow:hidden;width:'+swidth+';height:'+sheight+';clip:rect(0 '+swidth+' '+sheight+' 0);border:1 solid red;" onmouseover="sspeed=0;" onmouseout="sspeed=2">');
  document.writeln('<div id="iesliderl" style="position:relative; width:'+swidth+';">');
  document.write(singleText[0]);
  document.writeln("</div></div>");
```

其中,下列代码为鼠标指向和移开广告区域的滚动设置。鼠标指向时信息条目将停止,鼠标移开时信息条目将滚动。

```
onmouseover="sspeed=0;" onmouseout="sspeed=2"
```

(5)在主体标签中调用函数 start(),即:<body onLoad="start()">

第 5 章 时间应用

在页面上经常见到各种时间和计时效果的显示，如数字时钟、指针时钟、计时时钟、倒影时钟、图片格式时钟等。本章介绍一些与时间显示相关的应用。

5.1 日期时间显示

5.1.1 日期与数字时钟

1.实例效果

在网页文档区域显示年、月、日、星期、时、分、秒，如图 5-1 所示。

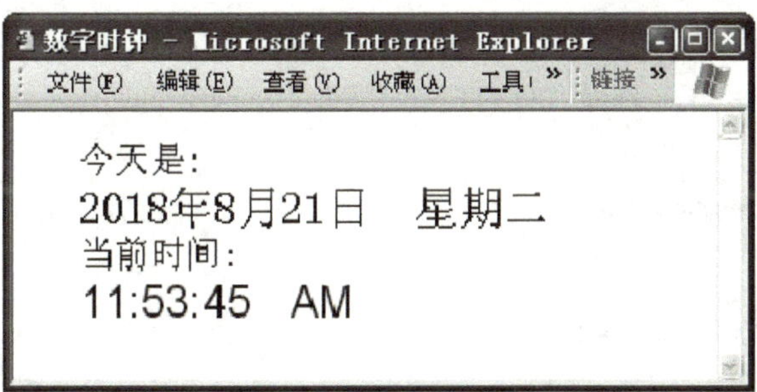

图 5-1 日期与数字时钟效果

2.任务要求

在网页文档区域显示日期和时间。要求：第一行显示文字“今天是:”；第二行显示年、月、日和星期；第三行显示文字“当前时间:”；第四行显示时、分、秒和上午或下午。

3.程序设计思路

凡是显示日期和时间等，首先要想到创建一个 Date 对象的实例；

使用该实例的相应方法获取相应数值。如 getHours()方法获取年的数值、getMinutes()方法获取分钟的数值等。

获取所有值并显示出来，同时用 setTimeOut()递归函数每 1000 毫秒刷新一次，即可获得动态数值。

4.技术要点

(1)创建日期时间对象 Date 的实例。例如：

myTime=new Date()；

(2)对于日期中显示的中文月份和星期，则使用数组对象 Array()定义，然后将具体数值与数组实例元素对应，找到要显示的文字。例如：

var dayArray=new Array("星期日""星期一""星期二""星期三""星期四""星期五""星期六")；

在数组实例中找到对应的元素，即当前星期的值：dayArray[myTime.getDay()]；

(3)对于前面获取的各个数值，如何显示在网页画面中呢？

一般来讲，可以考虑通过以下对象将其显示出来。如：文本框、div 层元素、span 块元素等，可以对所显示内容进行定时刷新，使其动态改变。

本例中利用<span> </span>标记定义一个块。例如：

<span id="DT" style="position：avsolute；left=35px；top=15px"></span>

在试图利用块元素显示时，要用到 HTML 中的 innerHtml 属性。其格式为：tag.innerHtml=str；即将标签 tag 的内部值设为 str。

涉及时间间隔就要想到用 setTimeOut()递归函数。

5.程序代码编写

```
<! DOCTYPE html>
<html>
<head>
  <title>数字时钟</title>
  <meta http-equiv="Content-Type" content="text/html; charset=gb2312">
  <META NAME="liyuncheng" CONTENT="Email:yunchengli@sina.com" >
</head>
<script language="JavaScript">
<! --
function showTime()
{
    myTime=new Date();
    var monthArray=new Array ("1 月""2 月""3 月""4 月""5 月""6 月""7 月""8 月""9 月""10 月""11 月"
                              "12 月");
    var dayArray=new Array("星期日""星期一""星期二""星期三""星期四""星期五""星期六");
    year=myTime.getFullYear();
    date=myTime.getDate();
    hours=myTime.getHours();
    minutes=myTime.getMinutes();
    seconds=myTime.getSeconds();
```

```
   suf="AM";
  if(hours >12)
  { suf="PM";
    hours=hours-12;
  }
if(hours==0)
  hours=12;
if(minutes <=9)
  minutes="0"+minutes;
if(seconds <=9)
  seconds="0"+seconds;
theTime="<font size=2>今天是:</font ><br ><font size=4>"+year+"年"+
monthArray[myTime.getMonth()]+date+"日"+"   "+dayArray [myTime.getDay()]+
"</font ><br ><font size=2>当前时间: </font >"+"<br ><font size=4 face=Arial >"+
hours+":"+minutes+":"+seconds+"    "+suf+"</font >";
DT.innerHTML=theTime;
setTimeout("showTime()",1000);
}
-->
</script >
<body onload="showTime()">
<span id="DT" style="position:absolute;left=35px;top=15px"></span>
</body>
</html>
```

5.1.2　任务拓展 1: 以日历格式显示日期与时间

1.实例效果

在网页文档区域以日历格式显示日期和时间。如图 5-2 所示。

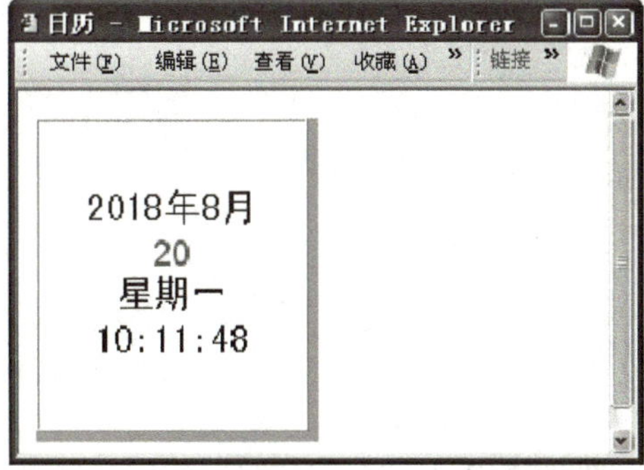

图 5-2　日历格式显示效果

2.任务要求

在网页文档区域内的特定位置，以日历格式显示日期和时间。包括：年、月、日、星期和数字时钟。其中年月显示在第一行并以蓝色呈现；日显示在第二行且颜色为红色；第三行显示星期并以蓝色呈现；第四行显示数字时钟且以深蓝色呈现；当日期为星期六和星期日时分别将所有日期文字以绿色和红色呈现。

3.程序设计思路

首先通过日期时间对象 Date 定义一个实例。然后，使用相应的方法 getFullYear()、getMonth()、getDate()、getDay()，分别获取当前日期的年、月、日和星期。

其次，考虑将日历的日期在星期六或星期日时，分别以绿色或红色显示。例如程序代码编写为：

```
if(now.getDay()==0)cl='<font color="#C00000">';
if(now.getDay()==6)cl='<font color="#00C000">';
return(cl+now.getDate()+"</font>");
```

再通过利用时、分、秒的相应方法获取其数字时钟的值。

最后，以日历格式显示的关键，就是将日期和时间写入表格单元格中显示出来。涉及如何定位每个单元格，用到表格的 id 属性值和对应的行和列等。使用定时器对函数进行刷新，每秒钟变化一次，实现数字时钟效果。

4.技术要点

(1)获取日期的各个数值，与前面方法相同。

(2)本例用到了一些自定义函数。

(3)要显示文档中内容，使用 document.write()方法生成 HTML 表格格式的代码并在文档区域显示出来。在具体呈现内容时用到 HTML 中的 innerHtml 属性。

(4)涉及时间间隔时，就要想到用 setInterval()递归函数。

5.程序代码编写

```
<! DOCTYPE html>
<html>
<head>
  <title> 日历</title>
  <meta http-equiv="Content-Type" content="text/html; charset=gb2312">
  <META NAME="liyuncheng" CONTENT="email:yunchengli@sina.com" >
 </head>
<body>
<script language=JavaScript >
function Year_Month(){
  var now=new Date();
  var yy=now.getFullYear();
  var mm=now.getMonth()+1;
  var cl='<font color="#0000DF">';
```

```
    if(now.getDay()==0)cl="<font color="#C00000">";
    if(now.getDay()==6)cl='<font color="#00C000">';
    return(cl+yy+"年"+mm+"月</font>");
}
function Date_of_Today(){
    var now=new Date();
    var cl="<font color="#FF0000">";
    if(now.getDay()==0)cl="<font color="#C00000">";
    if(now.getDay()==6)cl="<font color="#00C000">";
    return(cl+now.getDate()+"</font>");
}
function Day_of_Today(){
    var day=new Array();
    day[0]="星期日";
    day[1]="星期一";
    day[2]="星期二";
    day[3]="星期三";
    day[4]="星期四";
    day[5]="星期五";
    day[6]="星期六";
    var now=new Date();
    var cl="<font color="#0000DF">";
    if(now.getDay()==0)cl="<font color="#C00000">";
    if(now.getDay()==6)cl="<font color="#00C000">";
    return(cl+day[now.getDay()]+"</font>");
}
function CurrentTime(){
    var now=new Date();
    var hh=now.getHours();
    var mm=now.getMinutes();
    var ss=now.getTime()% 60000;
    ss=(ss -(ss % 1000))/ 1000;
    var clock=hh+":";
    if(mm <10)clock+="0";
    clock+=mm+":";
    if(ss <10)clock+="0";
    clock+=ss;
    return(clock);
}
```

```
function refreshCalendarClock(){
  document.all.calendarClock1.innerHTML=Year_Month();
  document.all.calendarClock2.innerHTML=Date_of_Today();
  document.all.calendarClock3.innerHTML=Day_of_Today();
  document.all.calendarClock4.innerHTML=CurrentTime();
}
document.write('<table border="0" cellpadding="0" cellspacing="0"><tr><td>');
document.write('<table id="CalendarClockFreeCode" border="0" cellpadding="0" cellspacing="0"
width="60" height="70" ');
document.write('style="position:absolute;visibility:hidden" bgcolor="#EEEEEE">');
document.write('<tr><td align="center"><font ');
document.write('style="cursor:hand;color:#FF0000;font-family:宋体; font-size:14pt;line-height:
120%"');
document.write('</td></tr><tr><td align="center"><font ');
document.write('style="cursor:hand;color:#2000FF;font-family:宋体; font- size:9pt;line-height:
110%"');
document.write("</td></tr></table>");
document.write('<table border="0" cellpadding="0" cellspacing="0" width="61" bgcolor=
"#C0C0C0" height="70">');
document.write('<tr><td valign="top" width="100%" height="100%">');
document.write('<table border="1" cellpadding="0" cellspacing="0" width="58" bgcolor=
"#FEFEEF" height="67">');
document.write('<tr><td align="center" width="100%" height="100%" >');
document.write('<font id="calendarClock1" style="font-family:宋体; font-size:7pt;line-height:120%">
</font><br>');
document.write('<font id="calendarClock2" style="color:#FF0000;font-family:Arial;font-size:14pt;
line-height:120%"></font><br>');
document.write('<font id="calendarClock3" style="font-family:宋体; font-size:9pt;line-height:120%">
</font><br>');
document.write('<font id="calendarClock4" style="color:#100080;font-family:宋体;font-size:8pt;
line-height:120%"><b></b></font>');
document.write("</td></tr></table>");
document.write("</td></tr></table>");
document.write("</td></tr></table>");
setInterval("refreshCalendarClock()",1000);
</script>
</body>
</html>
```

5.1.3　任务拓展 2：全中文日期显示

1.实例展示

在页面文档区域表格中显示全中文格式的日期。如图 5-3 所示。

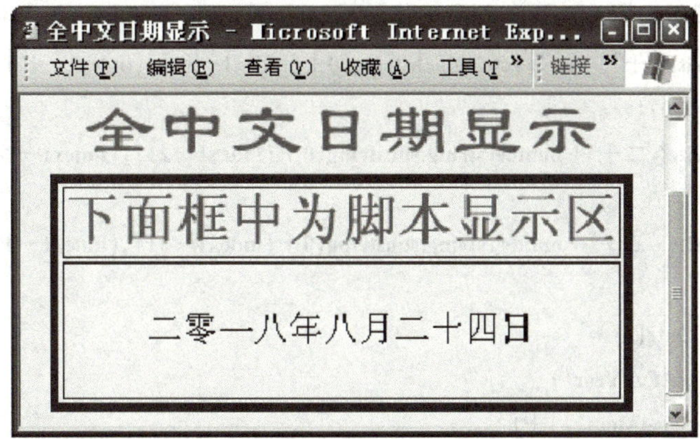

图 5-3　全中文日期显示效果

2.任务要求

在页面文档区域呈现：全中文日期显示，并在下面表格中第一行显示文字，第二行显示日期。注意文字用红色、日期用黑色显示。

3.程序代码编写

```
<! DOCTYPE html>
<html>
<head>
<title>全中文日期显示</title>
<meta http-equiv="Content-Type" content="text/html; charset=gb2312">
<META NAME="liyuncheng" CONTENT="email:yunchengli@sina.com" >
</head>
<body bgcolor="#FEF4D9">
<br>
<br>
<center><font color=red face="隶书" size=6>全中文日期显示</font></center>
<center>
<table border=5 bordercolor=blue borderlight=green>
<tr><td align=center><font size=5 color=red face="Arial, Helvetica, sans-serif">
<strong>下面框中为脚本显示区</strong></font></td></tr>
<tr><td align=center height=80>
<script language="JavaScript">
//将月日值转换为中文表示
```

```
function number(index1){
  var numberstring="一二三四五六七八九十";
  if(index1==0){document.write("十")}
  if(index1<10){
    document.write(numberstring.substring(0+(index1-1),index1))}
  else if(index1<20){
    document.write("十"+numberstring.substring(0+(index1-11),(index1-10)))}
  else if(index1<30){
    document.write("二十"+numberstring.substring(0+(index1-21),(index1-20)))}
  else{
    document.write("三十"+numberstring.substring(0+(index1-31),(index1-30)))}
  }
var today1=new Date()
var year=today1.getFullYear()
var month=today1.getMonth()+1
var date=today1.getDate()
var day=today1.getDay()
//将年的数字表示转换为中文表示
function chineseYear(){
  var num=new Array("零""一""二""三""四""五""六""七""八""九");
  str=String(year);
  //年数字分别对应的中文表示
  y1=num[str.charAt(0)]
  y2=num[str.charAt(1)]
  y3=num[str.charAt(2)]
  y4=num[str.charAt(3)]
  document.write(y1+y2+y3+y4);
}
//显示最后结果
chineseYear()
document.write("年")
number(month)
document.write("月")
number(date)
document.write("日")
</script>
</td></tr></table></center>
</body>
</html>
```

5.2 网页中时钟动态效果

5.2.1 网页中图像时钟动态效果

1.实例效果

在网页文档区域显示年、月、日和时、分、秒等的动态效果。如图 5-4 所示。

图 5-4　图像时钟效果

2.任务要求

在网页文档区域使用图像数字来替代相应数字，显示年、月、日和时、分、秒等。注意在单位数字的月、日、时、分和秒前，添加数字 0，使得这些数据以两位数字呈现。

3.程序设计思路

其设计思路与前一例相同。只是将原来的数字与包含相应图像文件的数组元素一一对应，然后利用所创建的图像对象将图像文件显示出来。

4.技术要点

(1)对于前面获取的各个数值，如何显示在网页画面中呢？

首先要利用图像标记创建图像对象。

例如：<img id="IMG0">，要显示几个图像就要创建几个对象。

(2)定义数组元素为图像对象的数组 imageArray。即

```
var imageArray=new Array(10);
for(i=0;i<10;i++)
imageArray[i]=new Image();
//将数组元素定义为图像对象，用于连接图片文件，即 imageArray[0].src="0.gif";
```

(3)为要显示的图片定位，例如：

IMG0.src=imageArray[theString.charAt(0)].src;

(4)涉及时间间隔时，就要想到用 setTimeOut()递归函数。

5.程序代码编写

```
<! DOCTYPE html>
<html>
<head>
<title>图像时钟</title>
<meta http-equiv="Content-Type" content="text/html; charset=gb2312">
<META NAME="liyuncheng" CONTENT="email:yunchengli@sina.com" >
</head>
<script language="JavaScript">
<! --
function showImg(){
  myTime=new Date();
  var imageArray=new Array(10);
  for(i=0;i<10;i++)
       imageArray[i]=new Image();
  imageArray[0].src="0.gif";
  imageArray[1].src="1.gif";
  imageArray[2].src="2.gif";
  imageArray[3].src="3.gif";
  imageArray[4].src="4.gif";
  imageArray[5].src="5.gif";
  imageArray[6].src="6.gif";
  imageArray[7].src="7.gif";
  imageArray[8].src="8.gif";
  imageArray[9].src="9.gif";
  year=myTime.getFullYear();
  month=myTime.getMonth()+1;
  date=myTime.getDate();
  hours=myTime.getHours();
  minutes=myTime.getMinutes();
  seconds=myTime.getSeconds();
  if(year <100)
    year="19"+year;
  if(month <10)
    month="0"+month;
  if(date <10)
    date="0"+date;
```

```
if(hours <=9)
   hours="0"+hours;
if(minutes <=9)
   minutes="0"+minutes;
if(seconds <=9)
   seconds="0"+seconds;
theString=""+year+month+date+hours+minutes+seconds;
//为相应图片位指定相应图片
IMG0.src=imageArray[theString.charAt(0)].src;
IMG1.src=imageArray[theString.charAt(1)].src;
IMG2.src=imageArray[theString.charAt(2)].src;
IMG3.src=imageArray[theString.charAt(3)].src;
IMG4.src=imageArray[theString.charAt(4)].src;
IMG5.src=imageArray[theString.charAt(5)].src;
IMG6.src=imageArray[theString.charAt(6)].src;
IMG7.src=imageArray[theString.charAt(7)].src;
IMG8.src=imageArray[theString.charAt(8)].src;
IMG9.src=imageArray[theString.charAt(9)].src;
IMG10.src=imageArray[theString.charAt(10)].src;
IMG11.src=imageArray[theString.charAt(11)].src;
IMG12.src=imageArray[theString.charAt(12)].src;
IMG13.src=imageArray[theString.charAt(13)].src;
setTimeout("showImg()",1000);
}
-->
</script>
<body onload="showImg()" leftmargin="35px" topmargin="20">
<img id="IMG0"><img id="IMG1"><img id="IMG2"><img id="IMG3">年<img id=
"IMG4"><img id="IMG5">月<img id="IMG6"><img id="IMG7">日<img id="IMG8"><img id
="IMG9"><img id="IMG10"><img id="IMG11"><img id="IMG12"><img id="IMG13">
</body>
</html>
```

5.2.2　网页中带有倒影的时钟动态效果

1.实例效果

在网页文档区域显示年、月、日、星期几，时、分、秒等，同时显示其倒影效果。如图 5-5 所示。

图 5-5　倒影时钟效果

2.程序设计思路

时间显示设计思路与前面相同。

这里主要是讲如何将文字的倒影显示出来。要通过 IE 所提供的可视效果滤镜来实现。

3.技术要点

(1)IE 提供的滤镜效果。其中:Alpha 滤镜可以生成透明或产生渐变效果,含有多个参数(Opacity 是设置不透明度的数值,取值为 0～100)。FlipV 滤镜可以生成垂直翻转效果。

(2)滤镜的应用方法。其语法为:style="filter:filterName(paral, para2,...)"

(3)为要显示图片定位,例如:IMG0.src=imageArray[theString.charAt(0)].src;

(4)涉及时间间隔就要想到用 setTimeOut()递归函数。

4.程序实现

```
<! DOCTYPE html>
<html>
<head>
<title>倒影时钟</title>
<meta http-equiv="Content-Type" content="text/html; charset=gb2312 ">
<META NAME="liyuncheng" CONTENT="email:yunchengli@sina.com">
<head>
<script language=JavaScript >
<! --
function initial(){
    //确定倒影的位置
    time2.style.left=time1.style.posLeft;
    time2.style.top=time1.style.posTop+time1.offsetHeight+13;
    setTimes();
}
```

```
function setTimes(){
    var myTime=new Date();
    year=myTime.getFullYear();
    month=myTime.getMonth()+1;
    date=myTime.getDate();
    hours=myTime.getHours();
    minutes=myTime.getMinutes();
    seconds=myTime.getSeconds();
    if(year <100)
      year="19"+year;
    if(month <10)
      month="0"+month;
    if(date <10)
      date="0"+date;
    if(hours <10)
      hours="0"+hours;
    if(minutes <10)
      minutes="0"+minutes;
    if (seconds <10)
      seconds="0"+seconds;
    time1.innerHTML="<font size=13px >"+year+" "+month+" "+date+" "+hours+":"+
    minutes+":"+seconds+"</font >";
    time2.innerHTML="<font size=13px >"+year+" "+month+" "+date+" "+hours+":"+
    minutes+":"+seconds+"</font >";
    setTimeout("setTimes()",1000);
}
-->
</script >
</head>
<body onload="initial()">
<span id="time1"
style="position:absolute;left:40px;top:30px;"></span>
<span id="time2"
style="filter:FlipV Alpha(Opacity=30); font-style:italic; position:absolute"></span>
</body>
</html>
```

5.2.3 网页中指针时钟动态效果

1.实例效果

在页面文档区域显示指针时钟。如图 5-6 所示。

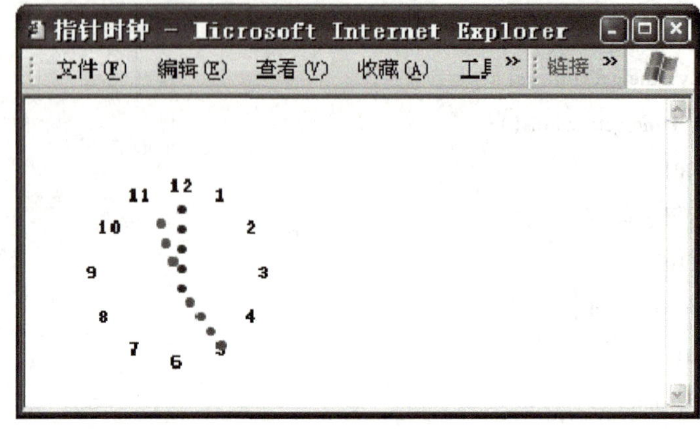

图 5-6 指针时钟效果

2.任务要求

如图 5-6 所示，时钟表盘用数字表示，时针用三个红色点代表直线，分针用四个绿色点代表直线，秒针用五个蓝色点代表直线。

3.程序设计思路

将指针时钟的各个部分通过使用页面上的层显示出来。通过数学对象 Math 来绘制动态变化的指针。

4.技术要点

(1)在页面定义生成时钟表盘和时、分、秒直线的层。

(2)在绘制指针时用到了数学对象 Math 的属性。如 Math.PI、Math.cos()、Math.sin()等。显示的数字和绘制的指针显示在页面不同的层对象中。

5.程序代码编写

```
<! DOCTYPE html>
<html>
<head>
<title>指针时钟</title>
<meta http-equiv="Content-Type" content="text/html; charset=gb2312 ">
<META NAME="liyuncheng" CONTENT="email:yunchengli@sina.com">
<script language="JavaScript">
<! --
pX=100;                          //时钟中心的 X 坐标
pY=100;                          //时钟中心的 Y 坐标
```

```
obs=new Array(13)                    //表示时针、分针、秒针各点的层
function ob()
{//将各层以数组表示
for(i=0; i<13; i++)
    {if(document.all)
      //如果是 IE,则以各指针层的 style 为元素创建数组
      obs[i]=new Array(eval("ob"+i).style,-100,-100)
    else
      //如果是 NS,则直接将层作为元素创建 obs 指针点数组
      obs[i]=new Array(eval("document.ob"+i),-100,-100)
      /* 注意 obj 数组的每一个元素本身也是一个数组,第一个元素是准备被操作的
          对象,后两个数字用于存储 X,Y 坐标 */
    }
}
function cl(a,b,c)
{ //这个函数用于排列表示 12 个时间点的数字
if(document.all)
    {//如果是 IE
    if(a! =0)b+=-1                    //根据 IE 的显示特性修正 X 坐标
    //改变指定元素(以 c 加数字为 ID 的层)的 Y 坐标
    eval("c"+a+".style.pixelTop="+(pY+(c)));
    //改变 X 坐标,这两行用于排列 1 到 12 点的数字
    eval("c"+a+".style.pixelLeft="+(pX+(b)));
    }
else{                              //如果不是 IE
    if(a! =0)b+=10          //根据 NS 的显示特性修正 X 坐标
      //以 NS 兼容方式改变数字的 Y 坐标
    eval("document.c"+a+".top="+(pY+(c)));
      //以 NS 兼容方式改变数字的 X 坐标
     eval("document.c"+a+".left="+(pX+(b)));
    }
if(document.all)
    c0.style.pixelLeft=26;
}
function updateclock()
{//根据计算出的每个点的 X、Y 坐标值改变其位置
for(i=0; i<13; i++)
    {
```

```
        //obs[x][1]、obs[x][2]存放的就是 X、Y 坐标
        obs[i][0].left=obs[i][1]+pX;
       //通过 left 和 top 两个属性改变层的位置
        obs[i][0].top=obs[i][2]+pY;
    }
}
var lastsec //上次计时的秒数,用于比较判断两次执行之间的时间是否改变
function timer()
{
time=new Date()//取当前时间
sec=time.getSeconds()//取秒数
if(sec!=lastsec)
    {  //如果时间改变
        lastsec=sec//记录当前时间(用于下一次比较改变的情况)
        sec=Math.PI*sec/30//计算秒针的角度(以弧度表示)
        //计算分针的角度(以弧度表示)
        min=Math.PI*time.getMinutes()/30;
        hr=Math.PI*((time.getHours()*60)+time.getMinutes())/360
        for(i=1;i<6;i++)
          {  //计算秒针各点的坐标
            //计算秒针 X 坐标
            obs[i][1]=Math.sin(sec)*(44 -(i-1)*11)-16;
            //如果是 NS,则需要修正其 X 坐标,使其正常显示
            if(document.layers)obs[i][1]+=10;
              //计算秒针 Y 坐标
            obs[i][2]=-Math.cos(sec)*(44 -(i-1)*11)-27;
        }
        for(i=6;i<10;i++)
          {  //计算分针各点的坐标
           //计算分针 X 坐标
            obs[i][1]=Math.sin(min)*(40 -(i-6)*10)-16;
            if(document.layers)obs[i][1]+=10;//修正 X 坐标
              //计算分针 Y 坐标
           obs[i][2]=-Math.cos(min)*(40 -(i-6)*10)-27;
          }
        for(i=10;i<13;i++)
            {  //计算时针各点的坐标
```

```
        //计算时针 X 坐标
        obs[i][1]=Math.sin(hr) * (37 -(i-10) * 11)-16;
        if(document.layers)
          obs[i][1]+=10;           //修正 X 坐标
        //计算时针 Y 坐标
        obs[i][2]=-Math.cos(hr) * (37 -(i-10) * 11)-27;
        }
    }
}
function setNum()
{  //初始化表示 1 到 12 点刻度的数字,将其排列成一圈
    cl(0,67,65);//将改变坐标的工作写成 cl()函数,方便调用
    cl(1,10,-51);
    cl(2,28,-33);
    cl(3,35,-8);
    cl(4,28,17);
    cl(5,10,35);
    cl(6,-15,42);
    cl(7,-40,35);
    cl(8,-58,17);
    cl(9,-65,-8);
    cl(10,-58,-33);
    cl(11,-40,-51);
    cl(12,-16,-56);
}
-->
</script>
</head>
<body onLoad="ob(),setNum(),setInterval('timer()',100);setInterval('updateclock()',100)">
<!--
页面装入的时候调用 ob()、setNum()函数初始化各层的显示
用两个时钟(setInterval)分别进行点坐标的计算和显示。
-->
<div id="c0" style="position:absolute;right:6;top:6; z-index:2;">
</div>
<!--c1 到 c12 表示 1 到 12 点刻度的数字-->
<div id="c1" style="position:absolute;left:20;top:-20; z-index:5; font-size: 11px;">
```

```
<b>1</b></div>
<div id="c2" style="position:absolute;left:20;top:-20; z-index:5; font-size:11px;">
<b>2</b></div>
<div id="c3" style="position:absolute;left:20;top:-20; z-index:5; font-size:11px;">
<b>3</b></div>
<div id="c4" style="position:absolute;left:20;top:-20; z-index:5; font-size:11px;">
<b>4</b></div>
<div id="c5" style="position:absolute;left:20;top:-20; z-index:5; font-size:11px;">
<b>5</b></div>
<div id="c6" style="position:absolute;left:20;top:-20; z-index:5; font-size:11px;">
<b>6</b></div>
<div id="c7" style="position:absolute;left:20;top:-20; z-index:5; font-size:11px;">
<b>7</b></div>
<div id="c8" style="position:absolute;left:20;top:-20; z-index:5; font-size:11px;">
<b>8</b></div>
<div id="c9" style="position:absolute;left:20;top:-20; z-index:5; font-size:11px;"><b>9</b>
</div>
<div id="c10" style="position:absolute;left:20;top:-20; z-index:5; font-size:11px;"><b>10</
b></div>
<div id="c11" style="position:absolute;left:20;top:-20; z-index:5; font-size:11px;"><b>11</
b></div>
<div id="c12" style="position:absolute;left:20;top:-20; z-index:5; font-size:11px;"><b>12</
b></div>
<div id="ob0" style="position:absolute;left:-20;top:-20;z-index:1"> </div>
<! --ob1 到 ob5 为秒针的 5 个点-->
<div id="ob1" style="position:absolute;left:-20;top:-20;z-index:8">
<font size="+3" color="#0000FF"><b>.</b></font></div>
<div id="ob2" style="position:absolute;left:-20;top:-20;z-index:8">
<font size="+3" color="#0000FF"><b>.</b></font></div>
<div id="ob3" style="position:absolute;left:-20;top:-20;z-index:8">
<font size="+3" color="#0000FF"><b>.</b></font></div>
<div id="ob4" style="position:absolute;left:-20;top:-20;z-index:8">
<font size="+3" color="#0000FF"><b>.</b></font></div>
<div id="ob5" style="position:absolute;left:-20;top:-20;z-index:8">
<font size="+3" color="#0000FF"><b>.</b></font></div>
<! --ob6 到 ob9 为分针的 4 个点-->
<div id="ob6" style="position:absolute;left:-20;top:-20;z-index:7">
```

```
<font size="+3" color="#008000"><b>.</b></font></div>
<div id="ob7" style="position:absolute;left:-20;top:-20;z-index:7">
<font size="+3" color="#008000"><b>.</b></font></div>
<div id="ob8" style="position:absolute;left:-20;top:-20;z-index:7">
<font size="+3" color="#008000"><b>.</b></font></div>
<div id="ob9" style="position:absolute;left:-20;top:-20;z-index:7">
<font size="+3" color="#008000"><b>.</b></font></div>
<! --ob10 到 ob12 为时针的 3 个点-->
<div id="ob10" style="position:absolute;left:-20;top:-20;z-index:6" >
<font size="+3" color="#F30000"><b>.</b></font></div>
<div id="ob11" style="position:absolute;left:-20;top:-20;z-index:6" >
<font size="+3" color="#F30000"><b>.</b></font></div>
<div id="ob12" style="position:absolute;left:-20;top:-20;z-index:6" >
<font size="+3" color="#F30000"><b>.</b></font></div>
</body>
</html>
```

5.3 特定日期计时

5.3.1 进入网页时间计时

1.实例效果

在页面显示用户进入网页的时间计时。如图 5-7 所示。

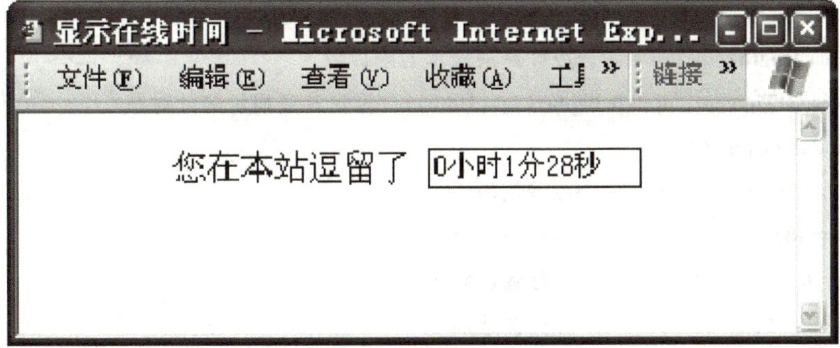

图 5-7　进入网页时间计时效果

2.程序设计思路及技术要点

(1)在页面创建一个层并显示一个文字表单,用于显示计时。

(2)分别定义计时秒、分和小时的初始变量,计时开始后先对秒进行计时,达到 60 后,重新置 0 并使分变量加 1。类似地记录小时变量。注意要启动 setTimeout("",1000)计时器,每隔 1000 毫秒,即 1 秒钟刷新一次。

(3)将计时变量显示在文字表单中即可显示出结果。注意利用表单的 id 及其 value 属性来显示文字信息。

3.程序代码编写

```
<! DOCTYPE html>
<html>
<head>
<title>显示在线时间</title>
<meta http-equiv="Content-Type" content="text/html; charset=gb2312">
<META NAME="liyuncheng" CONTENT="email:yunchengli@sina.com">
</head>
<body>
<center>
<div align="center">
<p>您在本站逗留了
<input type="text" id="input1" size="13" style="border: 1 solid #000000">
</div>
</center>
<script language="JavaScript">
<! --
var sec=0; //计时秒的初始变量
var min=0; //计时分的初始变量
var hou=0; //计时小时的初始变量
var msglist=new Array()
msglist[0]="最后一条弹出的消息"
msglist[1]="本站会不断更新,希望您能够经常浏览。"
//这里可以继续追加信息
flag=msglist.length;                //计算需显示的条目数
idt=window.setTimeout("updatedisplay();",1000);//设定改变显示的计时器
function updatedisplay(){
  sec++;                            //秒数加 1
  if(sec==60){                      //若满 1 分钟
      sec=0;                        //秒数恢复到 0
      min+=1;                       //分钟数加 1
      }
  if(min==60){
      min=0;
      hou+=1;
      }
  if((sec==59)&&(flag>0)){
```

```
        alert(msglist[flag-1]);         //弹出信息
        flag--;                         //获取下一条弹出信息
        }
    input1.value=hou+"小时"+min+"分"+sec+"秒";        //显示时间
    idt=window.setTimeout("updatedisplay();",1000);
}
-->
</script>
</body>
</html>
```

5.3.2　倒计时天数

1.实例效果

在页面中显示 2022 年 2 月 4 日北京冬奥会开幕倒计时天数。如图 5-8 所示。

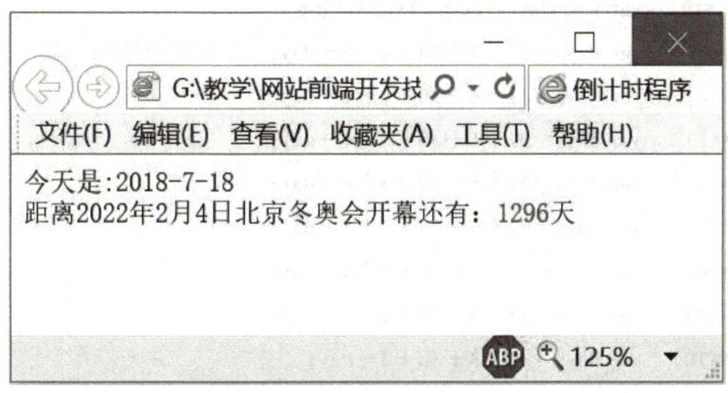

图 5-8　倒计时天数效果

2.任务要求

在页面文档区域显示“今天是:年—月—日”,然后显示“距离 2022 年 2 月 4 日北京冬奥会开幕还有:×天”。如图 5-8 所示格式效果。

3.程序设计思路及技术要点

(1)获取当前日期的年、月、日,并显示在页面文档区域。

(2)将开幕日期 2022 年 2 月 4 日与当前日期的年、月和日进行比较,计算出剩余天数,然后将其显示在文档区域。

(3)注意判断是否已经过期,若已经过期,给出提示信息。

4.程序代码编写

```
<!DOCTYPE html>
<html>
<head>
<title>倒计时程序</title>
```

```
<meta http-equiv="Content-Type" content="text/html; charset=gb2312">
<META NAME="generator"CONTENT="editplus">
<META NAME="liyuncheng" CONTENT="email:yunchengli@sina.com">
</head>
<body>
<script language="JavaScript">
//第一部分,获取当前日期
var date=new Date();
var year=date.getFullYear();
var month=date.getMonth();
var day=date.getDate();
document.write("今天是:",year,"-",month+1,"-",day,"</font><br>");//显示当前日期
//定义北京冬奥会的时间为 2022 年 2 月 4 日
var defineYear=2022-year-1;
var days=0;
//第二部分,进行剩余年和月数比较并显示
if(2022-year>=0)    var yearDays=defineYear * 365;
if(month+1==3)    var days=31 * 7+30 * 4+4-day;//不同月份剩余天数
if(month+1==4)    var days=31 * 6+30 * 4+4-day;
if(month+1==5)    var days=31 * 6+30 * 3+4-day;
if(month+1==6)    var days=31 * 5+30 * 3+4-day;
if(month+1==7)    var days=31 * 5+30 * 2+4-day;
if(month+1==8)    var days=31 * 4+30 * 2+4-day;
if(month+1==9)    var days=31 * 3+30 * 2+4-day;
if(month+1==10)   var days=31 * 3+30+4-day;
if(month+1==11)   var days=31 * 2+30+4-day;
if(month+1==12)   var days=31 * 2+4-day;
if(month+1==1)    var days=31+4-day;
if(month+1==2)    var days=4-day;
//剩余天数
days=yearDays+days
//判断是否过期
if((month+1>=2)&&(days<0)){
    document.write("已经过去了? 该更新网页了吧!");
    days="已经过去了"+(-days);
}
document.write("距离 2022 年 2 月 4 日北京冬奥会开幕还有:<font color=red>",days,"</font>天");
</script>
</body>
</html>
```

5.3.3　倒计时时钟

1.实例效果

在页面中显示国庆节倒计时秒数的效果。如图 5-9 所示。

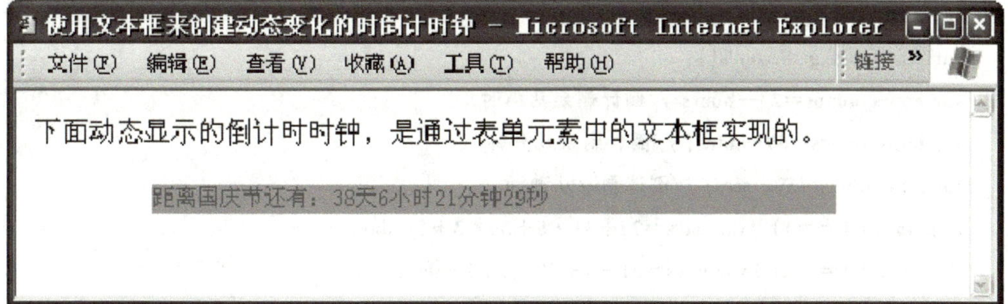

图 5-9　倒计时时钟的效果

2.程序代码编写

```
<! DOCTYPE html>
<html>
<head>
<title>使用文本框来创建动态变化的倒计时钟</title>
<meta http-equiv="Content-Type" content="text/html; charset=gb2312">
<META NAME="liyuncheng" CONTENT="email:yunchengli@sina.com">
</head>
<body onload="showtime()">下面动态显示的倒计时时钟,是通过表单元素中的文本框实现的。
<br>
<script language="JavaScript">
var timenum=null;
var timeon=false;
//以下两个函数用于检查时钟的状态,并调用 showtime()函数显示时间
function stopclock(){
    if(timeon)
        clearTimeout(timenum);
    timeon=false;
}
function startclock(){
    stoptime();
    showtime();
}
function showtime(){
```

```
 var date=new Date();
 var year=date.getFullYear();
 var month=date.getMonth();
 var day=date.getDate();
 var hours=date.getHours();
 var mins=date.getMinutes();
 var secs=date.getSeconds();
 var hours_minus=23-hours;//倒计剩余几小时
 var mins_minus=59-mins; //倒计剩余几分钟
 var secs_minus=59-secs; //倒计剩余几秒钟
 if(month+1==1)  var days=28+31*5+30*3+1-day;
 if(month+1==2)  var days=31*4+30*3+1-day;
 if(month+1==3)  var days=31*4+30*3+1-day;
 if(month+1==4)  var days=31*3+30*3+1-day;
 if(month+1==5)  var days=31*3+30*2+1-day;
 if(month+1==6)  var days=31*2+30*2+1-day;
 if(month+1==7)  var days=31*2+30+1-day;
 if(month+1==8)  var days=31+30+1-day;
 if(month+1==9)  var days=30+1-day;
 if(month+1==10){
     var days=1-day;
     if(days>0)document.clock.face.value="国庆节已经过去了,您错过了!";
 }
 if(month+1>10)document.clock.face.value="国庆节已经过去了,您错过了!";
 var minus="距离国庆节还有:"+days+"天"+hours_minus+"小时"+mins_minus+"分钟"+secs_
 minus+"秒";
 document.clock.face.value=minus;//将要显示的信息赋给文本框的 value 属性
 timenum=setTimeout("showtime()",1000);
 timeon=true;
}
</script>
<form name="clock">
<p align="center"><input
style="border-right: 0px; border-top: 0px; border-left: 0px; color: #FF0000; border-bottom: 0px;
background-color: #AABBFF" size=56 name=face>
</p>
</form>
</body>
</html>
```

5.3.4 生日提示信息

1.实例效果

在页面文档区域显示生日提示信息。如图 5-10 所示。

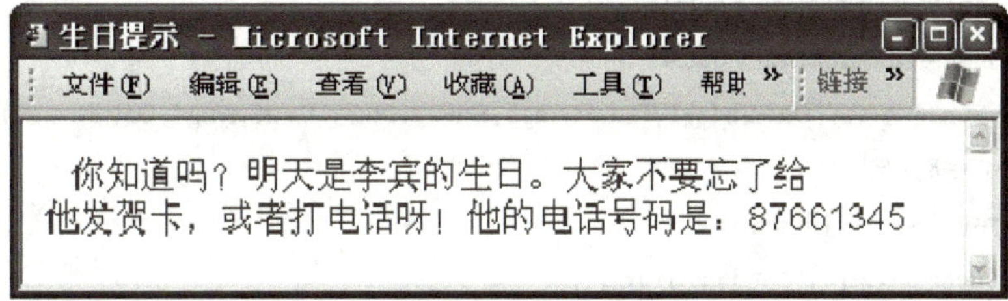

图 5-10　生日提示信息

2.程序设计思路及技术要点

(1)将特定人群的生日日期、人名及电话等,用数组元素来代表。

(2)获取当前日期并与特定日期进行比较,在生日当天、生日前两天或生日后两天则分别在页面显示提示信息。

3.程序代码编写

```
<! DOCTYPE html>
<html>
<head>
<title>生日提示</title>
<meta http-equiv="Content-Type" content="text/html; charset=gb2312">
<META NAME="liyuncheng" CONTENT="email:yunchengli@sina.com">
<script language="JavaScript">
dateArray=new Array("0614""0605""1230""1007""1027""1008""0106" "0825""0922");
nameArray=new Array("李晓飞""于泳涛""王晓明""张时光""关颖""姜吉胜" "孙美美""李宾""宋文广");
genderArray=new Array(1,1,2,2,2,1,2,1,1);//记录性别数组,1 为男性,2 为女性
teleArray=new Array("82310432""65982022""12345678""62345432" "8065392""96308642""56781234"
"87661345""7123456");
Date1=new Date();
month1=Date1.getMonth()+1;
if(month1>=10)
    { var MonthString=month1.toString();
    }
else
    MonthString="0"+month1;
date1=Date1.getDate()-1;
date2=Date1.getDate()-2;
```

```
date3=Date1.getDate()+1;
date4=Date1.getDate()+2;
var DateString1=MonthString+Date1.getDate();
var DateString2=MonthString+date1;
var DateString3=MonthString+date2;
var DateString4=MonthString+date3;
var DateString5=MonthString+date4;
string_array=new Array(DateString1,DateString2,DateString3, DateString4,DateString5);
for(i=0;i<=8;i++)
    {for(j=0;j<=8;j++)
      {if(string_array[i]==dateArray[j])
        { var sname=nameArray[j];//在生日姓名记录数组中找到姓名
          k=i;                  //用 k 记录当前日期数组的 i 值
              //通过生日数组的下标值,到记录性别数组和电话数组中分别找到性别值和电话
          var k1=genderArray[j];
          var k2=teleArray[j];
        }
    }
}
if(k1==1)
    { var gender="他";
    }
if(k1==2)
    { var gender="她";
    }
//显示生日信息
if(k==0)
    {document.write ("<font face=arial color=006600>    你知道吗? 今天
                是",sname,"的生日。大家不要忘了打个<br>电话问候一下呀!",gender,"的电
                话号码是:",k2);
    }
if(k==1)
    { document.write ("<font face=arial color=006600>    你知道吗? 昨天
                是",sname,"的生日。大家不要忘了关照<br>一下呀!");
    }
if(k==2)
    { document.write ("<font face=arial color=006600>     你知道吗? 前天
                是",sname,"的生日。大家不要忘了关照<br>一下呀!");
    }
```

```
if(k==3)
    { document.write ("<font face=arial color=006600>      你知道吗？明天
                是",sname,"的生日。大家不要忘了给<br>",gender,"发贺卡，或者打电话
                呀！",gender,"的电话号码是：",k2);
    }
if(k==4)
    { document.write ("<font face=arial color=006600>      你知道吗？后天
                是",sname,"的生日。大家不要忘了给<br>",gender,"发贺卡，或者打电话
                呀！",gender,"的电话号码是：",k2);
    }
else
    k=5;
</script>
</head>
<body>
</body>
</html>
```

第 6 章 JavaScript 面向对象编程应用

前面学习了 JavaScript 很多内容，许多人觉得对 JavaScript 很熟悉。大多数人还只认为它是增强 Web 页面的轻量级脚本语言，事实上 JavaScript 是一种非常强大的语言，也是一种非常灵活的面向对象程序设计语言。它与传统强类型面向对象程序设计语言（如 C++、Java、C# 等）有很大不同，要实现类似强类型语言的一些特性，就需要采用其特有方式来解决。

JavaScript 拥有对象，对象可以包含数据和处理数据的方法，也可以包含其他对象。尽管没有类，但它却有构造器函数，可以做部分类能做的事，包括扮演类变量和方法容器的角色。虽然没有基于类的继承，但可以实现基于原型 prototype 的继承。

6.1 创建类和对象

虽然在 ECMAScript－262 规范中，JavaScript 根本就没有出现“类”这个词，但它包含了“对象定义”，逻辑上等价于其他强类型语言中的类。这里我们约定将其也称为类或者对象定义。

在 JavaScript 中，定义类或对象通常使用下面三种方式。

6.1.1 使用 Object()对象定义的形式

JavaScript 中存在一个 Object 类型，它是 JavaScript 的基本对象，任何其他对象中都包含有 Object 对象，它的方法和属性在所有其他对象中都是可用的。可以认为 Object 是所有 JavaScript 类的基类。Object 类有两个常用属性：constructor 用于对创建对象的函数的引用（指针）；protpotype 用于对该对象的对象原形的引用。

定义对象代码示例如下：

```
<script language="JavaScript" type="text/JavaScript">
<! -
  //定义对象实例 Person
  Person=new Object()
  //为 Person 对象加入属性 property
```

```
 Person.name="王五";
 Person.height="178cm";
 //为对象 Person 加入方法 method:run()
 Person.run=function(){
    this.state="running";
    this.speed="4ms^-1";
 }
//运行显示信息
alert(Person.name);
alert(Person.run());
-->
</script>
```

这种定义方法里，首先定义一个对象，然后才为对象加入属性和方法。

6.1.2　采用对象初始器定义的形式 Tson

定义对象代码示例如下：

```
<script language="JavaScript" type="text/JavaScript">
<! -
  //为对象 MyObject 初始化
  MyObject={
    //定义对象属性 property
    name:"王五";
    age: 18;
    //定义对象方法 method: getName()
    getName:function(){
        alert(this.name);
      }
  }
//运行显示信息
alert(MyObject.name);
alert(MyObject.age);
alert(MyObject.getName());
-->
</script>
```

这段代码创建了一个 MyObject 对象，它含有两个属性 name、age，一个方法 getNmae ()，并且对象已经初始化。在代码中可以按下面格式调用此对象，如 MyObject. name、

MyObject.age、MyObject.getName()等。

前面用 new 操作符和对象初始器形式，创建一个对象都很简单，也符合逻辑。但它们有共同的缺点，结果不可复用。

6.1.3 采用构造器函数定义的形式

用前面两种方法定义对象，在许多情况下都有局限性，而实际应用中需要一种创建对象的方法，类型可以被多次使用而不需重新定义，对象在实例化时每次都可以按需分配不同的值。实现这种应用的有效方法，是利用对象构造器函数定义类或对象。即通过使用函数的形式来构造一个类或对象，把该用途的函数称为构造器函数。

构造器函数定义对象代码示例如下：

```
<script language="JavaScript" type="text/JavaScript">
<! -
function MyObject(name){
  this.name=name;
  this.talk=function(){
    alert(this.name+"say Hello!");
    }
}
//创建这个对象类型的一个实例并显示信息
person1=new MyObject("王五");
person1.talk();
-->
</script>
```

使用这种形式定义对象或类，在编程应用中可以通过 new 操作符，创建这个对象类型的一个实例，来完成具体任务。

从上面的定义形式可以看出，对象构造器函数不过是个有规则的 JavaScript 函数，它就像一个容器，允许定义参数、调用其他函数等等。与普通函数的区别在于构造器函数是通过 new 操作符来调用。利用构造器函数语法形式的对象定义，在面向对象编程中可以使它工作得最好。

构造器函数语法形式定义对象的通用格式如下：

```
function 对象名(参数表){
  this.属性 = 初始值;
  this.方法 = function(方法参数表){
    // 方法实现代码
    }
}
```

其中，对象名通常用大写字母开头的英文，如 MyObject。这种形式定义对象创建实例的方法，代码格式如下：

var 实例变量名 = new 对象名(参数表)；

其中，对象实例变量名通常用小写英文的寓意文字来替代。

6.1.4 关于 JavaScript 中的函数与对象

接下来，介绍函数与对象在 JavaScript 中的具体实现和特性。函数在 JavaScript 面向对象机制中有 5 种身份：

(1)普通函数

(2)类型声明

(3)类型的实现

(4)类引用

(5)对象的构造器函数

JavaScript 中，类型的声明与实现是混在一起的。对象的类型(类)通过函数关键字 function 来声明，对象是由属性和方法构成。

同时，该函数也是类引用。如果你需要识别一个 JavaScript 对象的具体类型，只需要持有一个类引用，也就是这个函数的名字。instanceof 运算符就用于识别实例的类型。

例如：

```
function MyObject(){
  this.data = 'test data';
}
// 这里 MyObject()作为构造器函数使用
var obj = new MyObject();
var arr = new Array();
// 这里 MyObject 作为类引用使用
document.writeln(obj instanceof MyObject);
document.writeln(arr instanceof MyObject);
```

6.2 对象数据封装及实例

面向对象程序设计语言的通常特性，包括封装、继承和多态。封装，说得简单些就是把不希望调用者看见的内容隐藏起来。它是面向对象程序设计的三要素之首。

变量的局部、全局特性与 OOP 封装性中的私有 private、公有 public 相似。下面将通过示例形式来说明 JavaScript 面向对象编程中封装权限级别问题。

下面涉及人们最常用的几种封装，包括私有实例成员、公有实例成员、公有静态成员，以及不太常用的私有静态成员和静态类的封装办法。

6.2.1 JavaScript 中 OOP 的封装

类 MyObject()定义代码示例如下：

```
function MyObject(){
// 定义私有 private 属性 property
var private_property = 0;
// 定义私有 private 方法 method
var private_method_1 = function(){
    // ...
    return 1
}
function private_method_2(){
    // ...
    return 1
}
// 定义特权(方法 privileged method),调用了私有属性和方法
this.privileged_method = function (){
    private_property++;
    return private_property + private_method_1()+ private_method_2();
}
//定义公有属性 public_property_1
this.public_property_1 = '';
//定义公有方法 public_method_1
this.public_method_1 = function (){
    // ...
}
//定义公有属性 public_property_1
//公有方法 public_method_1
MyObject.prototype.public_property_1 = '';
MyObject.prototype.public_method_1 = function (){
    // ...
  }
}
var obj1 = new MyObject();
var obj2 = new MyObject();
document.writeln(obj1.privileged_method(), '<br>');
document.writeln(obj2.privileged_method());
```

这个示例中，私有 private 表明只能在构造器函数内部可访问，而特权 privileged 是特指一种调用私有域的公有 public 方法。公有 public 表明在构造器函数外可以调用和存取。

在 JavaScript 中，函数内的允许通过 var 关键字定义局部变量，否则变量为全局变量。局部变量相当于类的私有实例成员。

私有实例方法，只能在该类的对象内部被使用，其作用域就是这个类，在对象外无法使用；但它又可以存取类中所有的私有实例属性，这就保证了它是个私有实例方法。这里大家会发现创建私有方法有两种方式，一种是直接在类中定义方法，另一种是先定义局部变量(私有实例属性)，然后定义匿名方法赋值给它。

创建公有实例成员其实很简单，一种方式是通过在类中给 this. memberName 来赋值，如果值是函数之外的类型，那就是个公有实例属性，如果值是函数类型，那就是公有实例方法。

另外一种方式则是通过给 className.prototype.memberName 赋值，可赋值的类型与 this.memberName 相同。

上面两种定义公有实例成员的方法，其实各自有自己的使用条件。在特定情况下只能用其中一种方式。注意两种方式之间的区别：

(1)prototype 方式只应该在类外定义。this 方式只能在类中定义。

(2)prototype 方式如果在类中定义时，则存取私有实例成员时，总是存取最后一个对象实例中的私有实例成员。

(3)prototype 方式定义的公有实例成员，是创建在类的原型之上的成员。this 方式定义的公有实例成员，是直接创建在类的实例对象上的成员。

如果要在公有实例方法中存取私有实例成员，那么必须用 this 方式定义。

根据前面的第二点区别，我们需要将前面公有成员和方法(2)代码位置，修改成为放在类的外面，即

```
 function MyObject(){
// 定义私有(属性 private property)
var private_property = 0;
// 定义私有(方法 private method)
var private_method_1 = function(){
      // ...
      return 1
   }
function private_method_2(){
      // ...
      return 1
      }
// 定义特权(方法 privileged method,)调用了私有属性和方法
this.privileged_method = function (){
private_property++;
```

```
    return private_property + private_method_1()+ private_method_2();
  }
  //定义公有属性 public_property_1
  this.public_property_1 = '';
  //定义公有方法 public_method_1
  this.public_method_1 = function (){
      // ...
    }
  }
  //定义公有属性 public_property_1
  //公有方法 public_method_1
  MyObject.prototype.public_property_1 = '';
  MyObject.prototype.public_method_1 = function (){
      // ...
    }
  //代码调试运行
  var obj1 = new MyObject();
  var obj2 = new MyObject();
  document.writeln(obj1.privileged_method(), '<br>');
  document.writeln(obj2.privileged_method());
```

从前面的例子可以看出，如果为已经定义的类或对象，再增加方法就要利用原形属性 prototype 来实现，新的方法可以被原对象的所有实例所共享。

6.2.2 通过匿名函数创建带有私有静态成员的类

此外，还可以定义静态属性和静态方法。定义的方式就是给 className. member Name 直接赋值。在使用时都可以直接通过类名引用来存取，而不需要创建对象。因此它们是公有静态成员。不过，要记住一定不要将公有静态成员定义在它所在的类的内部，否则会得到非预期结果。

实现私有静态成员，是通过创建一个匿名函数，来创建一个新的作用域来实现。通常使用匿名函数时，都是将它赋值给一个变量，然后通过这个变量引用该匿名函数。这种情况下，该匿名函数可以被反复调用或者作为类去创建对象。

然而，这里要创建的匿名函数，不赋值给任何变量，在它创建后立即执行，或者立即实例化为一个对象，并且该对象也不赋值给任何变量。这种情况下，该函数本身或者它实例化后的对象都不能够被再次存取。因此它唯一的作用就是创建新的作用域，并隔离了它内部所有局部变量和函数。那么，这些局部变量和函数就成了我们所需要的私有静态成员，而这个立即执行的匿名函数或者立即实例化的匿名函数我们称它为静态封装环境。

下面我们先来看看，如何通过直接调用匿名函数方式，来创建带有私有静态成员的类。例如：

```
Class = (function(){
 // private static property
 var static_first = 1;
 var static_second = 2;

 // private static methods
 function static_method1(){
   static_first++;
 }
 var static_second = 2;

 function constructor(){
   // private property
   var p_first = 1;
 var p_second = 2;

 // private methods
 function method1(){
   alert(p_first);
 }
 var method2 = function(){
   alert(p_second);
 }

 // public property
 this.first = "first";
 this.second = ['s','e','c','o','n','d'];

 // public methods
 this.method1 = function(){
   static_second--;
 }

 this.method2 = function(){
   alert(this.second);
 }
```

```
        // constructor
        {
            static_method1();
            this.method1();
        }
    }
    // public static methods
    constructor.method1 = function(){
        static_first++;
        alert(static_first);
    }
    constructor.method2 = function(){
        alert(static_second);
    }

    return constructor;
    })();

    var object1 = new Class();
    Class.method1();
    Class.method2();
    object1.method2();
    var object2 = new Class();
    Class.method1();
    Class.method2();
    object2.method2();
```

这里的代码中公有静态方法 constructor.method1(),调用了私有静态 property。

这个例子中,通过

```
(function(){
    ...
    function contructor (){
        ...
    }
    return constructor;
})();
```

这种格式创建了一个静态封装环境,实际的类是在这个环境中定义的,并且在最后通过 return 语句,将最后的类返回给全局变量 Class,然后就可以通过 Class 来引用这个带有静态私有成员的类了。这里,注意区别私有静态成员和私有实例成员,在对象中是可以存取私有静态成员的。

综上，在类构造器函数或类中定义的实例方法中，存取的都是私有实例成员，在静态方法中，存取的都是私有静态成员。

放在那里合适？在类外并且在静态封装环境中通过 prototype 方式定义的公有实例方法存取的是私有静态成员。

在静态封装环境外定义的公有静态方法和通过 prototype 方式定义的公有实例方法无法直接存取私有静态成员。

接下来，讨论另外一种定义方式，通过直接实例化匿名函数方式来创建带有私有静态成员的类。

与上面的例子很相似，例如：

```
new function(){
  // private static property
  var s_first = 1;
  var s_second = 2;

  // private static methods
  function s_method1(){
    s_first++;
  }
  var s_second = 2;

  class6 = function(){
    // private fields
    var m_first = 1;
    var m_second = 2;

    // private methods
    function method1(){
      alert(m_first);
    }
    var method2 = function(){
      alert(m_second);
    }

    // public property
    this.first = "first";
    this.second = ['s','e','c','o','n','d'];
```

```
        // public methods
        this.method1 = function(){
            s_second--;
        }

        this.method2 = function(){
            alert(this.second);
        }


        // constructor
        {
            s_method1();
            this.method1();
        }
        }
        // public static methods
        class6.method1 = function(){
            s_first++;
            alert(s_first);
        }
        class6.method2 = function(){
            alert(s_second);
        }
    };
    var o1 = new class6();
    class6.method1();
    class6.method2();
    o1.method2();
    var o2 = new class6();
    class6.method1();
    class6.method2();
    o2.method2();
```

这个例子的结果与通过第一种方式创建的例子效果相同。只不过它的静态封装环境是如下格式：

```
    new function(){
      ...
    };
```

这里函数没有返回值，而前一种 Class 的定义，是直接在静态封装环境内部通过给一个没有用 var 定义的变量赋值的方式实现的。

当然，也完全可以在

```
(function(){
  ...
})();
```

这种方式中，不给该函数定义返回值，而直接在静态封装环境内部通过给一个没有用 var 定义的变量赋值的方式来实现带有私有静态成员的类的定义。

以上这两种方式是等价的。

6.2.3　带有公有静态成员的类

公有静态成员的定义很简单，例如：

```
Class = function(){
  // private property
  var m_first = 1;
  var m_second = 2;
  // private methods
  function method1(){
    alert(m_first);
    }
  var method2 = function(){
    alert(m_second);
    }
  // constructor
  {
    method1();
    method2();
  }
}

// public static property
Class.field1 = 1;

// public static method
Class.method1 = function(){
    alert(class3.field1);
  }
Class.method1();
```

这个例子的 Class 跟前面第 1 个 Class 很像。不同的是该类的外面，又定义了一个静态字段和静态方法。

定义的方式就是给 className.memberName 直接赋值。这里定义的静态成员和静态方法，都是可以被直接通过类名引用来存取的，而不需要创建对象。因此它们是公有静态成员。

不过有点要记住，一定不要将公有静态成员定义在它所在的类的内部，否则会得到非预期的结果。

6.2.4 静态类

所谓的静态类，指的是一种不能够被实例化只包含有静态成员的类。

在 JavaScript 中通过直接实例化一个匿名函数的对象，就可以实现静态类了。例如：

```
Class = new function(){
  // private static property
  var s_first = 1;
  var s_second = 2;
  // private static method
  function method1(){
    alert(s_first);
  }
  // public static method
  this.method1 = function(){
    method1();
    alert(s_second);
  }
}
Class.method1();
```

大家会发现，Class 其实就是个对象，只不过这个对象所属的是匿名类，该类在创建完 Class 这个对象后，就不能再被使用了。而 Class 不是一个 function，所以不能够作为类被实例化，因此，它就相当于一个静态类了。

前面，我们讨论了可以通过四种方式，实现对私有实例成员、公有实例成员、私有静态成员、公有静态成员和静态类的封装。

封装的目的是实现数据隐藏。具体地讲，在 JavaScript 中进行封装有以下几种好处。

(1)隐身实现细节，当私有部分的实现完全重写时，无需要改变调用者的行为。这也是其他面向对象语言要实现封装的主要目的。

(2)JavaScript 中，局部变量和局部函数访问速度更快，因此把私有字段以局部变量来封装，把私有方法以局部方法来封装可以提高脚本的执行效率。

(3)对于 JavaScript 压缩混淆器(目前最好的 JavaScript 分析、压缩、混淆器是 JSA)来说，局部变量和局部函数名都是可以被替换的，而全局变量和全局函数名是不可以被替换的。实际上，对于 JavaScript 脚本解析器工作时也是如此。当私有字段和私有方法使用封装技术后，编写代码时就可以给它们定义足够长的表意名称，增加代码的可读性，而发布时它们可以被替换为一些很短的名称（一般是单字符名称），这样就可以使代码得到充分的压缩和混淆，并且减少了带宽占用，真正地实现了细节的隐藏。

6.3 继承

在其他强类型语言中，继承除了可以减少重复代码的编写外，最大的用处就是为了实现多态。在强类型语言中变量不能够被赋予不同类型的两个值，除非这两种类型与该变量的类型是相容的，而这个相容的关系就是由继承来实现的。对已有的类型无法直接进行方法的扩充和改写，要扩充一个类型，唯一的方法就是继承它，在它的子类中进行扩充和改写。因此，对于强类型语言实现多态是依赖于继承的实现。

而对于 JavaScript 语言来说，继承对于实现多态则显得不那么重要。在 JavaScript 语言中，一个变量可以被赋予任何类型的值，且可以用同样的方式调用任何类型的对象上的同名方法。对已有的类型可以通过原型直接进行方法的扩充和改写。

JavaScript 是一种没有类的面向对象语言，它使用原型继承来代替类继承。这可能对传统面向对象语言（C＋＋和 Java）的程序员来说有点困惑。JavaScript 的原型继承比类继承有更强大的表现力。

现在就让我们来对比 Java 和 JavaScript 进行一下对比：

Java	强类型	静态	基于类	类	构造器	方法
JavaScript	弱类型	动态	基于原型	函数	函数	函数

对 JavaScript 类引用无须强制转换。另外，为了代码复用在程序中常常会见到很多对象都会实现同一些方法，类让建立单一的一个定义集中建立对象成为可能。在对象中包含其他对象也包含的对象也是常见的，但是区别仅仅是一小部分方法的添加或者修改，继承对这一点来讲十分有用。所以，在 JavaScript 中，继承的主要作用就是为了减少重复代码的编写。JavaScript 中常见有两种实现继承的方法，一种是原型继承法，一种是调用继承法。

6.3.1 原型继承法

在 JavaScript 中，每一个类或构造器函数都有一个原型，该原型上的成员在该类实例化时，会传给该类的实例化对象。实例化的对象上没有原型，但是它可以作为另一个类或构造器函数的原型，当以该对象为原型的类实例化时，该对象上的成员就会传给以它为原型的类的实例化对象上。这就是原型继承的本质。

原型继承也是 JavaScript 中许多原生对象所使用的继承方法。

例如：

```
function ParentClass(){
  // private property
  var x = "I'm a ParentClass field!";
```

```
    // private method
    function method1(){
      alert(x);
      alert("I'm a ParentClass method!");
      }
    // public property
    this.x = "I'm a ParentClass object field!";
    // public method
    this.method1 = function(){
      alert(x);
      alert(this.x);
      method1();
      }
} //父类定义结束
//为父类增加方法
ParentClass.prototype.method = function (){
      alert("I'm a ParentClass prototype method!");
      }
ParentClass.staticMethod = function (){
      alert("I'm a ParentClass static method!");
  }
//定义子类
function SubClass(){
    // private property
    var x = "I'm a SubClass field!";
    // private method
    function method2(){
      alert(x);
      alert("I'm a SubClass method!");
      }
    // public property
    this.x = "I'm a SubClass object field!";
    // public method
    this.method2 = function(){
      alert(x);
      alert(this.x);
      method2();
      }
    this.method3 = function(){
      method1();
      }
} //子类定义结束
```

```
// inherit 继承
SubClass.prototype = new ParentClass();
SubClass.prototype.constructor = SubClass;
// test 测试运行
var o = new SubClass();
alert(o instanceof ParentClass);        // true
alert(o instanceof SubClass);           // true
alert(o.constructor); // function SubClass(){...}
o.method1(); // I'm a ParentClass field!
             // I'm a SubClass object field!
             // I'm a ParentClass field!
             // I'm a ParentClass method!
o.method2(); // I'm a SubClass field!
             // I'm a SubClass object field!
             // I'm a SubClass field!
             // I'm a SubClass method!
o.method();   // I'm a ParentClass prototype method!
o.method3();          // Error!!!
SubClass.staticMethod();   // Error!!!
```

上面这个例子很好的反映出了如何利用原型继承法来实现继承。

利用原型继承的关键有两步操作:

首先创建一个父类的实例化对象,然后将该对象赋给子类的 prototype 属性。这样,父类中的所有公有实例成员都会被子类继承。并且用 instanceof 运算符判断时,子类的实例化对象既属于子类,也属于父类。

然后将子类本身赋值给它的 prototype 的 constructor 属性。注意:这里赋值的时候是没有圆括号"()"的。这一步是为了保证在查看子类实例化对象的 constructor 属性时,看到的是子类的定义,而不是其父类的定义。

接下来,通过对 o.method1()调用的结果,看到子类继承来的公有实例方法中,如果调用了私有实例属性或者私有实例方法,则所调用的这些私有实例成员是属于父类的。同样,通过对 o.method2()调用的结果,看到子类中定义的实例方法,如果调用了私有实例字段或者私有实例方法,则所调用的这些私有实例成员是属于子类的。

通过对 o.method()调用的结果,看到定义在父类原型上的方法,会被子类继承。通过对 o.method3()调用的结果,看到子类中定义的实例方法是不能访问父类中定义的私有实例成员的。

最后,通过对 SubClass.staticMethod()调用的结果,看到静态成员是不会被继承的。

6.3.2 调用继承法

调用继承的本质,是在子类构造器函数中,让父类的构造器函数方法在子类的执行上下文中执行,父类构造器函数的方法中,所有通过 this 方式操作的内容,实际上都是操作子类实例化对象上的内容。因此，这种做法仅仅是为了减少重复代码的编写。

例如：

```
function ParentClass(){
  // private property
  var x = "I'm a ParentClass field!";
  // private method
  function method1(){
    alert(x);
    alert("I'm a ParentClass method!");
  }
  // public property
  this.x = "I'm a ParentClass object field!";
  // public method
  this.method1 = function(){
    alert(x);
    alert(this.x);
    method1();
  }
}
ParentClass.prototype.method = function (){
    alert("I'm a ParentClass prototype method!");
  }

ParentClass.staticMethod = function (){
    alert("I'm a ParentClass static method!");
 }

function SubClass(){
  // 继承 inherit
  ParentClass.call(this);
   // private property
  var x = "I'm a SubClass field!";
  // private method
  function method2(){
    alert(x);
    alert("I'm a SubClass method!");
  }
  // public property
```

```
    this.x = "I'm a SubClass object field!";
   // public method
   this.method2 = function(){
      alert(x);
      alert(this.x);
      method2();
   }
 this.method3 = function(){
      method1();
   }
 }
 // test 测试运行
 var o = new SubClass();
 alert(o instanceof ParentClass);        // false
 alert(o instanceof SubClass);           // true
 alert(o.constructor); // function SubClass(){...}
 o.method1();    // I'm a ParentClass field!
                 // I'm a SubClass object field!
                 // I'm a ParentClass field!
                 // I'm a ParentClass method!
 o.method2();    // I'm a SubClass field!
                 // I'm a SubClass object field!
                 // I'm a SubClass field!
                 // I'm a SubClass method!
 o.method();                // Error!!!
 o.method3();               // Error!!!
 SubClass.staticMethod();   // Error!!!
```

利用调用继承的关键，就是在子类定义时，通过父类 call 方法将子类的 this 指针传入。使父类方法在子类上下文中执行。这样，父类中所有在父类内部通过 this 方式定义的公有实例成员都会被子类继承。

当使用 instanceof 运算符判断时，子类的实例化对象只属于子类，不属于父类。查看子类实例化对象的 constructor 属性时，看到的是子类的定义，不是其父类的定义。

通过对 o.method()调用的结果，看到定义在父类原型上的方法，不会被子类继承。通过对 o.method3()调用的结果，看到子类中定义的实例方法同样不能访问父类中定义的私有实例成员。

最后，通过对 SubClass.staticMethod()调用的结果，看到静态成员同样不会被继承的。

还有一点在这个例子中没有体现出来，就是通过调用继承法可以实现多继承。也就是说，一个子类可以从多个父类中继承通过 this 方式定义在父类内部的所有公有实例成员。

6.4 多态

作为一种弱类型编程语言，JavaScript 提供了丰富的多态性，JavaScript 的多态性是其他强类型面向对象语言所不能比的。

6.4.1 重载及其实现

首先区别一下重载和覆盖的概念。重载的英文意思是 overload，覆盖的英文意思是 override。有时人们会把 override 误解当成了重载。重载和覆盖的区别在于，重载是同一个名称的函数或方法可以有多个实现，它们依靠参数的类型(或)参数的个数来区分识别。而覆盖是子类中可以定义与父类中同名方法，并且参数类型和个数也相同，这些方法定义后，在子类的实例化对象中，父类中继承的这些同名方法将被隐藏。

重载的实现，JavaScript 中函数的参数是没有类型的，并且参数个数也是任意的。例如：

```
function add(a, b){
    return a + b;
    }
```

当然，调用时可以带入任意多个参数。至于是否会出错，那要由这个函数所执行的内容来决定，JavaScript 并不根据指定的参数个数和参数类型来判断所调用的是哪个函数。

因此，要定义重载方法，就不能像强类型语言中那样做。但是你仍然可以实现重载。这里是通过函数的 arguments 属性来实现。

例如：

```
function add(){
    var sum = 0;
    for (var i = 0; i < arguments.length; i++){
      sum += arguments[i];
    }
    return sum;
}
```

这样，就实现了任意多个参数加法函数的重载了。

当然，还可以在函数中通过 instanceof 或 constructor 来判断每个参数的类型，来决定后面执行什么操作，实现更为复杂的函数或方法重载。总之，JavaScript 的重载，是在函数中由用户自己通过操作 arguments 这个属性来实现的。

6.4.2 覆盖的实现

覆盖的实现其实也很容易。例如：

```
function ParentClass(){
  this.method = function(){
    alert("ParentClass method");
    }
  }
function SubClass(){
  this.method = function(){
    alert("SubClass method");
    }
  }
SubClass.prototype = new ParentClass();
SubClass.prototype.constructor = SubClass;
//运行
var obj = new SubClass();
obj.method();
```

这样,在子类中定义的 method 就覆盖了从父类中继承来的 method 方法了。

可能有人会说,这样的覆盖是不错,但 java 中覆盖的方法里可以调用被覆盖的方法(父类方法)。在这里怎么实现呢?也很容易,而且比 java 中还要灵活,java 中限制了只能在覆盖被覆盖方法的方法中,才能使用 super 来调用被覆盖的方法。这里不但可以实现这点,而且还可以让子类中所有方法中都可以调用父类中被覆盖的方法。

例如:

```
function ParentClass(){
  this.method = function(){
    alert("ParentClass method");
  }
}
function SubClass(){
  var method = this.method;
  this.method = function(){
    method.call(this);
    alert("SubClass method");
  }
}
SubClass.prototype = new ParentClass();
SubClass.prototype.constructor = SubClass;
//运行
var obj = new SubClass();
obj.method();
```

从这个例子看到覆盖的实现原来这么简单，只要在定义覆盖方法前，定义一个私有变量，然后把父类中定义的将要被覆盖的方法赋给它，然后就可以在后面继续调用它，而且此例这个方法是私有的，对于子类的对象是不可见的。这样，与其他高级语言中覆盖的实现就一致了。

最后需要强调，在覆盖方法中调用这个方法时，需要用 call 方法来改变执行上下文为 this(虽然该例子中没有必要)，但如果直接调用这个方法，执行上下文就会变成全局对象了。

6.5 JavaScript 的两种类型系统

前面已经完整地描述过 JavaScript 的两种类型系统。即：

- 基础类型系统：由 typeof()返回值的六种基础类型。
- 对象类型系统：由 new()返回值的、构造器函数和原型继承组织起来的类型系统。

JavaScript 类型自动转换，是其语言特性的一个重要组成部分。但对于一个指定的变量而言，总是有确定的数据类型。运算是导致类型转换的方法(但不是根源)，因此运算结果类型的确定就非常重要。

6.5.1 基础类型系统

1.各种直接量声明

(1)Number

```
var n1 = 11;                    // 普通十进制数
var n2 = 013;                   // 八进制数
var n3 = 0xB;                   // 十六进制数
var n4 = 1.2;                   // 浮点值
var n5 = .2;                    // 浮点值
var n6 = 1.0e-4;                // (或 1e-4)浮点值
```

(2)String

```
var s1 = 'test';                // (或"test")字符串
var s2 = "test\n";              // 带转义符的字符串
var s3 = "'test'";              // 用" "、' '以在字符串中使用引号
var s4 = "\xD";                 // 用转义符来声明不可键入的字符
```

(3)boolean

```
var b1 = true;
var b2 = false;
```

(4)Function

```
function f1(){};                  // 利用编译器特性直接声明
var f2 = function(){};            // 声明匿名函数
```

(5)Object 型

```
var obj1 = null;                  // 空对象可以被直接声明
var obj2 = {                      //请留意声明中对分隔符","的使用
  value1 : 'value',               // 对象属性
    f1 : function(){},            // 利用匿名函数来直接声明对象方法
    f2 : f1                       // 使方法指向已声明过的函数
}
```

(6)RegExp

```
var r1 = /^[O|o]n/;               // 使用一对"/../"表达的即是正则表达式
var r2 = /^./gim;                 // 注意:gim 为正则表达式的三个参数
```

(7)Array

```
var arr1 = [1,,,1];               // 直接声明，包括一些"未定义(undefined)"值
var arr2 = [1,[1,'a']];           // 异质(非单一类型)的数组声明
var arr3 = [[1],[2]];             // 多维数组(其实是从上一个概念衍生下来的)
```

(8)undefined

```
var u1 = undefined;               // 可以直接声明，这里的 undefined 是 Global 的属性
```

2.直接量的即声明即使用

有些时候可以即声明即使用一个直接量，下面代码示意了这一特性。

```
var obj = function (){            // 声明了一个匿名函数
  return {                        // 函数执行的结果是返回一个直接声明的对象
    value: 'test',
  method: function(){}
  }
}();                              //使匿名函数执行并返回结果，以完成 obj 变量的声明
```

在这个例子中用到了直接量的声明。其中函数直接声明为可以立即执行的特性，这对程序设计很有价值。例如在一个.js 文件中试图执行一些代码，但不希望这些代码中的变量声明对全局代码导致影响，因此可以在外层包装一个匿名函数并使之执行。

例如：匿名函数的执行，void 出现在定义函数前声明类型，可以使后面的函数被执行，否则解释器会认为仅是声明函数。

```
void function(){
  if (isIE()){                    // 执行任务语句
    }
}();
```

6.5.2 对象类型系统

delete 运算是对象系统中一项非常重要的内容。它用于删除数组元素、对象属性和已声明的变量。

由于 delete 运算不能删除用 var 来声明的变量，也就意味着它只能删除在函数内/外声明的全局变量。这个说法有点别扭，但事实上的确如此。这可以更深层地透视出 delete 运算删除变量的实质：删除用户在 window 对象上下文环境中声明的属性。

回到前面有关上下文环境的讨论，我们注意到(包括函数外)声明全局变量的三种形式：

```
var global_1 = '全局变量 1';
global_2 = '全局变量 2';
function f(){
  global_3 = '全局变量 3';
}
```

global_2 和 global_3 都是不用 var 声明的变量，这其实是在 window 对象上下文环境中的属性声明。也就是说可以用 window.global_2 和 window.global_3 来存取它们。这三种声明 window 对象属性的方法，与直接指定 window.global_value ＝ ＜值＞方法的唯一区别，是在 for .. in 运算时，这三种方法声明的属性和方法都会被隐藏。例如，全局变量上下文环境的属性名隐藏：

```
var global_1 = '全局变量 1';
global_2 = '全局变量 2';
void function f(){
  global_3 = '全局变量 3';
}();
window.global_4 = '全局变量 4';
for (var i in window){
  document.writeln(i, '<br>');
}
document.writeln('<HR>');
document.writeln(window.global_1, '< br >');
document.writeln(window.global_2, '< br >');
document.writeln(window.global_3, '< br >');
```

要注意到返回结果中，不会出现全局变量 1、全局变量 2、全局变量 3 的属性名。但使用 window.xxxx 这种方式仍可以存取到它们。

在 window 上下文环境中，global_1 实质是该上下文中的私有变量，在其他代码中能存取到它，是因为其他(所有的)代码都在该上下文之内。global_2 和 global_3 则被(隐含地)声明成 window 的属性，而 global_4 则显式地声明为 window 的属性。

因此可以得出结论：删除(不用 var 声明的)变量的实质，是删除 window 对象的属性。

此外，也得到另外三条推论(最重要的是第一条)：

(1)delete 能删除数组元素,实质上是因为数组下标也是数组对象的隐含属性。

(2)在复杂系统中,为减少变量名冲突应尽量避免全局变量(和声明)的使用,或采用 delete 运算符来清理 window 对象的属性。

(3)window 对象是唯一可以让用户声明隐含属性的对象。注意这只是表面的现象,因为事实上这只是 JavaScript 规范带来的一个附加效果。delete 清除 window 对象、系统对象、用户对象等用户声明属性,但不能清除如 prototype、constructor 系统属性。此外,delete 也可以清除数组中的元素(清除元素后数组长度不发生变化)。

例如,delete 运算符应用示例:

```
var arr = [1, 2, 3];
var obj = {v1:1, v2:2};
global_var = 3;
delete arr[2];
document.writeln('1' in arr, '< br >'); // 数组下标事实上也是数组对象的隐含属性
document.writeln(arr.length, '< br >'); // 数组长度不会因 delete 而改变
delete obj.v2;
document.writeln('v2' in obj, '< br >');
document.writeln('global_var' in window, '< br >');
delete global_var;
// 以下的代码不能正常执行,这是 IE 浏览器的一个 bug
if ('global_var' in window){
  document.writeln('bug test:', global_var, '< br >');
}
```

最后这行代码出现错误的根源,在于 IE 浏览器错误地检测了'global_var'在 window 的对象属性中是否仍然存在。因为在同样的位置,('global_var' in window)表达式的返回结果居然为 true。注意:在 Firefox 浏览器中没有这个 bug。

delete 清除掉属性或数组元素,并不表明脚本引擎会对该属性/元素执行析构。

6.5.3 函数在 JavaScript 面向对象机制中的五重身份

接下来,要清楚对象在 JavaScript 中的具体实现和特性。对象名,如 MyObject(),这个函数充当了以下角色:

(1)普通函数;

(2)类型声明;

(3)类型的实现;

(4)类引用;

(5)对象构造器函数。

在 JavaScript 中,类型声明与实现是混在一起的。一个对象的类型(类)通过函数来声明,this.xxxx 表明了该对象可具有的属性或者方法。这个函数同时也是类引用。如果需要识别一个对象的具体型别时,就需要执有一个类引用。当然,也就是这个函数的名字,

instanceof 运算符就用于识别实例的类型。下面来看它的应用。

1.JavaScript 中对象类型识别

示例：

```
function MyObject(){
  this.data = 'test data';
}
// 这里 MyObject()作为构造器函数使用
var obj = new MyObject();
var arr = new Array();
// 这里 MyObject 作为类引用使用
document.writeln(obj instanceof MyObject);
document.writeln(arr instanceof MyObject);
```

通过该例清楚了 MyObject()分别作为构造函数使用和类引用使用。

2.反射机制在 JavaScript 中的实现

JavaScript 中通过 for...in 语法实现了反射机制。但该语言并不明确区分属性、方法和事件。因此，对属性类型的查验是 JavaScript 中的一个问题。下面的代码能够清晰地说明 for...in 的使用与属性识别。

例如 for...in 的使用和属性识别：

```
var _r_event = /^[Oo]n.*/;
var colorSetting = {
  method: 'red',
  event: 'blue',
  property: ''
}
var obj2 = {
  a_method : function(){},
  a_property: 1,
  onclick: undefined
}
function propertyKind(obj, p){
  return (_r_event.test(p)&& (obj[p]==undefined || typeof(obj[p])=='function'))?
  'event' : (typeof(obj[p])=='function')? 'method' : 'property';
}
  var objectArr = ['window', 'obj2'];
  for (var i=0; i<objectArr.length; i++){
    document.writeln('<p>for ', objectArr[i], '<hr>');
    var obj = eval(objectArr[i]);
    for (var p in obj){
```

```
            var kind = propertyKind(obj, p);
            document.writeln('obj.', p, ' is a ', kind.fontcolor(colorSetting[kind]), ': ', obj[p],
            '<br>');
        }
        document.writeln('</p>');
    }
```

一个常常被人忽略的问题是，JavaScript 本身并没有事件（Event）系统。像 onClick 等这样的事件，其实是 IE 浏览器 DOM 模型所提供。从更内核的角度上讲，IE 浏览器通过 COM 接口属性提供了一组事件接口给 DOM。

其实，使得 JavaScript 不能很好地识别一个属性是不是事件，这里有两个原因。其一，COM 接口中本身只有方法，而属性与事件是通过一组 get/set 方法公布的。其二，JavaScript 本身并没有独立的事件机制。因此，识别 event 的方法是检测属性名是否是以"on"字符串开头。接下来，由于 DOM 对象中事件可以不指定处理函数，这种情况下事件句柄为 null 值（Qomo 采用相同的约定）；在另外一些情况下，用户可能像定义 obj2 这样，定义一个值为 undefined 的事件。因此对事件判定条件被处理成一个复杂的表达式。例如：属性以 on/On 开头与值为 null/undefined 或类型为 function。

另外，从上面这段代码的运行结果来看，对 DOM 对象使用 for...in，是不能列举出对象方法来。

事实上，在很多语言的实现中，事件都不是面向对象的语言特性，而是由具体的编程模型提供。事件是一个如何驱动编程模型的机制问题，而不是语言本身的问题。然而以 PME（property/method/event）为框架的 OOP 概念，已经深入人心，所以当编程语言或系统表现出这些特性的时候，就已经没人关心 event 是由谁实现的。

3.this 与 with 关键字的使用

在 JavaScript 的对象系统中，this 关键字用在两个地方：在构造器函数中指向新创建对象实例；在对象方法被调用时指向调用该方法的对象实例。

如果一个函数被作为普通函数调用，那么在函数中的 this 关键字将指向 window 对象。如果 this 关键字不在任何函数中，那么也是指向 window 对象。

由于在 JavaScript 中不明确区分函数与方法，因此有些代码看起来很奇怪。常见函数的几种可能调用形式如下：

（1）this 指向调用该方法的对象实例

```
function foo(){
  if (this===window){
    document.write('call a function.', '<br>');
    }
   else {
    document.write('call a method, by object: ', this.name, '<br>');
    }
}
```

(2)this 指向 new 操作符新创建实例

```
function MyObject(name){
 this.name = name;
  this.f = f;
}
var obj1 = new MyObject('obj1');
var obj2 = new MyObject('obj2');
// 测试 1：作为函数调用
f ();
// 测试 2：作为对象方法的调用
obj1.f();
obj2.f();
// 测试 3：将函数作为指定对象的方法调用
f.call(obj1);
f.apply(obj2);
```

在上面代码中的 obj1/obj2，对 f()的调用是普遍使用的调用方法。也就是在构造器函数上，将一个函数指定为对象的方法。而测试 3 中的 call()与 apply()就比较特殊。在这个测试中，f()仍然作为普通函数来调用，只是 JavaScript 语言特性允许在 call()/apply()时，传入一个对象实例来指定 f()的上下文环境中所出现的 this 关键字的引用。注意：此时的 f()仍是一个普通函数的调用，而不是对象方法调用。

与 this 指向调用该方法的对象实例有些类似，with()语法也用于限定在一段代码片段中默认使用对象实例。如果不使用 with()语法，那么这段代码将受到更外层 with()语句的影响，如果没有更外层的 with()，那么这段代码的默认使用的对象实例将是 window。

(3)this 与 with 关键字并不互为影响

```
function f(){
 with (obj2){
   this.value = 8;
   }
}
var obj2 = new Object();
obj2.value = 10;
f();
document.writeln('obj2.value: ', obj2.value, '<br>');
document.writeln('window.value: ', window.value, '<br>');
```

不能指望这样的代码在调用结束后，会使 obj2.value 属性置值为 8。这几行代码的结果是：window 对象多了一个 value 属性，并且值为 8。

with(obj){...}这个语法，只能限定对 obj 的既有属性的读取，而不能主动声明它。一旦 with()里的对象没有指定的属性，或者 with()限定了一个不是对象的数据，那么结果会产生一个异常。

4.使用 in 关键字的运算

除了用 for...in 来反射对象的成员信息之外，JavaScript 中也允许直接用 in 关键字去检测对象是否有指定名字的属性。in 关键字经常被提及的原因，并不是它能够检测属性是否存在，检测其有效性比检测是否存有该属性更有实用性。因此，in 只是一个可选的、官方的方案。

其实，in 关键字的重要应用是高速字符串检索，尤其是在只需要判断字符串是否存在的时候。例如 10 万个字符串，如果存储在数组中，那么检索效率将会极差。

例如，使用对象检索：

```
function arrayToObject(arr){
  for (var obj=new Object(), i=0, imax=arr.length; i<imax; i++){
      obj[arr[i]]=null;
  }
  return obj;
}
var arr = ['abc', 'def', 'ghi'];
obj = arrayToObject(arr);
function valueInArray(v){
  for (var i=0, imax=arr.length; i<imax; i++){
      if (arr[i]==v)return true;
  }
  return false;
}
function valueInObject(v){
      return v in obj;
}
```

这种使用关键字 in 的方法，也存在一些限制。例如只能查找字符串，而数组元素可以是任意值。另外，arrayToObject()也存在一些开销，这使得它不适合于频繁变动的查找集。最后，使用对象来查找的时候并不能准确定位到查找数据，而数组中可以指向结果的下标。

5.使用 instanceof 关键字的运算

在 JavaScript 中提供了 instanceof 关键字来检测实例的类型。这在前面讨论它的“五重身份”时已经讲过。但 instanceof 的问题是，它总是列举整个原型链以检测类型(关于原型继承的原理将在“构造与析构”小节讲述)，如：

```
instanceof 使用中的问题
function MyObject(){
  // ...
}
function MyObject2(){
```

```
    //...
}
MyObject2.prototype = new MyObject();
obj1 = new MyObject();
obj2 = new MyObject2();
document.writeln(obj1 instanceof MyObject, '<br>');
document.writeln(obj2 instanceof MyObject, '<br>');
```

obj1 与 obj2 都是 MyObject 的实例,但却是不同构造器函数所产生。这在面向对象理论中正确的:因为 obj2 是 MyObject 的子类实例,因此它具有与 obj1 相同的特性。在应用中这是 obj2 多态性的体现之一。

但如何知道 obj2 与 obj1 是否是相同类型的实例呢?也就是说构造器函数都相同吗?instanceof 关键字不提供这样的机制。实现这种检测能力的是 Object.constructor 属性。

constructor 属性已经涉及"构造与析构"的问题,这部分内容我们后面再讲。"原型继承""构造与析构"是 JavaScript OOP 中的主要问题、核心问题,以及"致命问题"。

6.null 与 undefined

在 JavaScript 中 null 与 undefined 有时让人难以理解。为了更清晰地认识它们,请看下面对 null 与 undefined 的具体对比和说明。

(1)null 是关键字,undefined 是 Global 对象的一个属性;

(2)null 是对象(没有任何属性和方法),undefined 是 undefined 类型的值。例如:

```
document.writeln(typeof null);
document.writeln(typeof undefined);
```

在对象模型中所有对象都是 Object 或其子类的实例,但 null 对象例外。例如:

```
document.writeln(null instanceof Object);
```

(3)null 等值(==)于 undefined,但不全等值(===)于 undefined。例如:

```
document.writeln(null == undefined);
document.writeln(null === undefined);
```

(4)运算时 null 与 undefined 都可以被类型转换为 false,但不等值于 false。例如:

```
document.writeln(! null, ! undefined);
document.writeln(null==false);
document.writeln(undefined==false);
```

7.实例和实例引用

在.NET Framework 对 CTS(Common Type System)约定一切都是对象,并分为值类型和引用类型两种。其中值类型的对象在转换成引用类型数据的过程中,需要进行一个装箱和拆箱的过程。

JavaScript 也有同样的问题。typeof 关键字可以返回以下六种数据类型:number、string、boolean、object、function 和 undefined。

而在 JavaScript 的对象系统中,有 String、Number、Function、Boolean 这四种对象构造器。那么,如果有一个数字 A,typeof(A)的结果到底会是"number"呢,还是一个构造器指向 function Number()的对象呢?

(1)关于 JavaScript 类型的测试代码

```
function getTypeInfo(V){
  return (typeof V == 'object' ? 'Object, construct by '+V.constructor : 'Value, type of '+typeof
  V);
}
var A1 = 100;
var A2 = new Number(100);
document.writeln('A1 is ', getTypeInfo(A1), '<br>');
document.writeln('A2 is ', getTypeInfo(A2), '<br>');
document.writeln([A1.constructor === A2.constructor, A2.constructor === Number]);
```

测试代码的执行结果如下：

```
A1 is Value, type of number
A2 is Object, construct by function Number(){ [native code] }
true,true
```

要注意到 A1 和 A2 的构造器都指向 Number。这意味着通过 constructor 属性来识别对象，有时比 typeof 更加有效。因为值类型数据 A1 作为一个对象来看待时，与 A2 有完全相同的特性。

(2)值类型与引用类型之间的区别

此外，通过对其他基础类型和构造器做相同考察，可以发现基础类型中的 undefined、Number、boolean 和 String 等是值类型变量；基础类型中的 Array、Function 和 Object 等是引用类型变量；使用 new()方法构造出对象是引用类型变量。

关于 JavaScript 类型系统中的值类型和引用类型问题。例如：

```
var str1 = 'abcdefgh', str2 = 'abcdefgh';
var obj1 = new String('abcdefgh'), obj2 = new String('abcdefgh');
document.writeln([str1==str2, str1===str2], '<br>');
document.writeln([obj1==obj2, obj1===obj2]);
```

测试代码的执行结果如下：

```
true, true
false, false
```

从结果看到，无论是等值运算(==)，还是全等运算(===)，对对象和值的理解都是不一样的。

更进一步理解这种现象，若运算结果为值类型，或变量为值类型时，等值(或全等)比较可以得到预想结果。(即使包含相同的数据，)不同的对象实例之间是不等值(或全等)的；同一个对象的不同引用之间，是等值(==)且全等(===)的。

但对于 String 类型，进行两个字符串比较时，只要有一个是值类型，则按值比较。这意味着在上面的例子中，代码 str1==obj1 会得到结果 true。而全等(===)运算需要检测变量类型的一致性，因此 str1===obj1 的结果返回 false。

JavaScript 中的函数参数总是传入值参，而引用类型（的实例）是作为指针值传入。因此，函数可以随意重写入口变量，而不用担心外部变量被修改。但是，需要留意传入的引用类型的变量，因为对它方法调用和属性读写可能会影响到实例本身。也可以通过引用类型的参数来传出数据。

最后，值类型比较会逐字节检测对象实例中的数据，效率低但准确性高；而引用类型只检测实例指针和数据类型，因此效率高而准确性低。如果需要检测两个引用类型是否真的包含相同的数据，最好先把它转换成“字符串值”再来比较。

8.函数的上下文环境

只要写过代码的人，应该知道变量有全局变量和局部变量之分。在这里进一步讨论 JavaScript 中的全局变量与局部变量，以便引起人们的特别关注。

```
var v1 = '全局变量－1';
v2 = '全局变量－2';
function f(){
  v3 = '全局变量－3';
  var v4 = '只有在函数内部并使用 var 定义的，才是局部变量';
}
```

按照通常对语言的理解来说，不同的代码调用函数，都会拥有一套独立的局部变量。因此，特列举下面这段代码让人们理解。

JavaScript 的局部变量：

```
function MyObject(){
  var o = new Object;
  this.getValue = function(){
    return o;
  }
}
var obj1 = new MyObject();
var obj2 = new MyObject();
document.writeln(obj1.getValue() == obj2.getValue());
```

调试结果显示 false，表明不同（实例的方法）调用返回的局部变量 obj1 和 obj2 是不相同的。

变量的局部、全局特性，与 OOP 封装性中的私有 private、公开 public 相似。

9.变量及其作用域

（1）变量定义格式

在 JavaScript 语言中，允许通过 var 关键字来定义变量。如果直接给一个没有使用 var 定义的变量赋值，那么这个变量就会成为全局变量。一般情况下应该避免使用这种方式，原因是它会影响程序执行效率，即存取全局变量速度要比局部变量慢得多。为了保证速度，在使用全局变量时可以通过 var 定义一个局部变量，然后将全局变量赋予之，由此可以得到一个全局变量的局部引用。

(2)变量类型

没有定义的变量,类型为 undefined。

变量的值可以是函数。

函数在 JavaScript 中可以充当类的角色。

(3)变量作用域

变量作用域是指变量生存周期的有效范围。

单纯用 { } 创建的块不能创建作用域。

with 将它包含的对象作用域添加到当前作用域链中,但 with 不创建新的作用域。with 块结束后,会将对象作用域从当前作用域链中删除。

try-catch 中,catch 的错误对象只在 catch 块中有效,但 catch 块中定义的变量属于当前作用域。

其他如 if、for、for-in、while、do-while、switch 等控制语句创建的块不能创建作用域。

用 function 创建的函数,会创建一个新的作用域添加到当前作用域中。

6.6 继承与多态

在讨论继承时,我们已经列出了一些基本概念了,那些概念是跟封装密切相关的概念,接下来讨论的基本概念,主要是跟继承与多态相关的,但是它们跟封装也有一些联系。

6.6.1 定义和赋值之间程序执行过程

局域变量定义是指用

```
var a;
```

这种形式来声明变量。

函数定义是指用

```
function a(...){...}
```

这种形式来声明函数。

```
var a = 1;
```

是两个过程。第一个过程是定义变量 a,第二个过程是给变量 a 赋值。

同样,

```
var a = function(...){};
```

也是两个过程,第一个过程是定义变量 a 和一个匿名函数,第二个过程是把匿名函数赋值给变量 a。

变量定义和函数定义是在整个脚本执行之前完成的,而变量赋值是在执行阶段完成的。

变量定义的作用,仅仅是给所声明的变量指明它的作用域,变量定义并不给变量初始值,任何没有定义的而直接使用的变量,或者定义但没有赋值的变量,它们的值都是 undefined。

函数定义,除了声明函数所在的作用域外,同时还定义函数体结构。这个过程是递归的,也就是说,对函数体的定义包括了对函数体内的变量定义和函数定义。

通过下面这个例子我们可以更明确地理解这一点：

```
alert(a);
alert(b);
alert(c);
var a = "a";
function a(){}
function b(){}
var b = "b";
var c = "c";
var c = function(){}
alert(a);
alert(b);
alert(c);
```

猜猜这个程序执行的结果是什么？然后执行一下看看执行结果是不是跟你想的一样，如果跟你想的一样的话，那说明你已经理解上面介绍的内容了。

这段程序的结果很有意思，虽然第一个 alert(a)在最前面，但是你会发现它输出的值竟然是 function a(){}，这说明，函数定义确实在整个程序执行之前就已经完成了。

再来看 b，函数 b 定义在变量 b 之前，但是第一个 alert(b)输出的仍然是 function b(){}，这说明，变量定义确实不对变量做什么，仅仅是声明它的作用域而已，它不会覆盖函数定义。

最后看 c，第一个 alert(c)输出的是 undefined，这说明 var c = function(){} 不是对函数 c 定义，仅仅是定义一个变量 c 和一个匿名函数。

再来看第二个 alert(a)，你会发现输出的竟然是 a，这说明赋值语句确实是在执行过程中完成的，因此，它覆盖了函数 a 的定义。

第二个 alert(b)当然也一样，输出的是 b，这说明不管赋值语句写在函数定义之前还是函数定义之后，对一个跟函数同名的变量赋值总会覆盖函数定义。

第二个 alert(c)输出的是 function(){}，这说明，赋值语句是顺序执行的，后面的赋值覆盖了前面的赋值，不管赋的值是函数还是其他对象。

理解了上面所说的内容，就应该知道什么时候该用 function x(..){...}，什么时候该用 var x = function (...){...} 了吧？

最后还要提醒一点，eval 中的如果出现变量定义和函数定义，则它们是在执行阶段完成的。所以，不到万不得已，不要用 eval。另外，即使要用 eval，也不要在里面用局部变量和局部方法。

6.6.2 this 和执行上下文

在前面讨论封装时，已经接触过 this 了。在对封装的讨论中，this 都是表示 this 所在的类的实例化对象本身。事实真的是这样吗？

先看一下下面的例子吧：

```
var x = "I'm a global variable!";
function method(){
    alert(x);
    alert(this.x);
}
function class1(){
    // private field
    var x = "I'm a private variable!";
    // private method
    function method1(){
      alert(x);
      alert(this.x);
    }
    var method2 = method;
    // public field
    this.x = "I'm a object variable!";
    // public method
    this.method1 = function(){
      alert(x);
      alert(this.x);
    }
    this.method2 = method;
    // constructor
    {
      this.method1();          // I'm a private variable!
                               // I'm a object variable!
      this.method2();          // I'm a global variable!
                               // I'm a object variable!
      method1();               // I'm a private variable!
                               // I'm a global variable!
      method2();               // I'm a global variable!
                               // I'm a global variable!
      method1.call(this);  // I'm a private variable!
                           // I'm a object variable!
      method2.call(this);  // I'm a global variable!
                           // I'm a object variable!
}
```

```
}

var o = new class1();
method(); // I'm a global variable!
// I'm a global variable!
o.method1(); // I'm a private variable!
// I'm a object variable!
o.method2(); // I'm a global variable!
// I'm a object variable!
```

为什么是这样的结果呢?

那就先来看看什么是执行上下文吧。

如果当前正在执行的是一个方法,则执行上下文就是该方法所附属的对象,如果当前正在执行的是一个创建对象(就是通过 new 来创建)的过程,则创建的对象就是执行上下文。

如果一个方法在执行时没有明确地附属于一个对象,则它的执行上下文是全局对象(顶级对象),但它不一定附属于全局对象。全局对象由当前环境来决定。在浏览器环境下,全局对象就是 window 对象。

定义在所有函数之外的全局变量和全局函数附属于全局对象,定义在函数内的局部变量和局部函数不附属于任何对象。

那执行上下文跟变量作用域有没有关系呢?

执行上下文与变量作用域是不同的。

一个函数赋值给另一个变量时,这个函数的内部所使用的变量的作用域不会改变,但它的执行上下文会变为这个变量所附属的对象(如果这个变量有附属对象的话)。

Function 原型上的 call 和 apply 方法可以改变执行上下文,但是同样不会改变变量作用域。

要理解上面这些话,其实只需要记住一点:

变量作用域是在定义时就确定的,它永远不会变,而执行上下文是在执行时才确定的,它随时可以变。

这样我们就不难理解上面那个例子了。this.method1()这条语句(注意,这里说的还没有进入这个函数体)执行时,正在创建对象,那当前的执行上下文就是这个正在创建的对象,所以 this 指向的也是当前正在创建的对象,在 this.method1()这个方法执行时(这里是指进入函数体),这个正在执行的方法所附属的对象也是这个正在创建的对象,所以,它里面 this.x 的 this 也是同一个对象,所以输出就是 I'm a object variable! 。

而在执行 method1()这个函数时(是指进入函数体后),method1()没有明确地附属于一个对象,虽然它是定义在 class1 中的,但是它并不是附属于 class1 的,也不是附属于 class1 实例化后的对象的,只是它的作用域被限制在了 class1 当中。因此,它的附属对象实际上是全局对象,因此,当在它当中执行到 alert(this.x)时,this.x 就成了我们在全局环境下定义的那个值为"I'm a global variable!"的 x 了。

method2()虽然是在 class1 中定义的,但是 method()是在 class1 之外定义的,method

被赋值给 method2 时，并没有改变 method 的作用域，所以，在 method2 执行时，仍然是在 method 被定义的作用域内执行的，因此，你看到的就是两个 I'm a global variable! 输出了。同样，this.method2()调用时，alert(x)输出 I'm a global variable! 也是这个原因。

因为 call 会改变执行上下文，所以通过 method1.call(this)和 method2.call(this)时，this.x 都变成了 I'm a object variable!。但是它不能改变作用域，所以 x 仍然跟不使用 call 方法调用时的结果是一样的。

而后面执行 o.method1()时，alert(x)没有用 this 指出 x 的执行上下文，则 x 表示当前执行的函数所在的作用域中最近定义的变量，因此，这时输出的就是 I'm a private variable!。最后输出 I'm a object variable! 大家应该知道为什么了吧。

第 7 章 动态广告

网页中存在大量变化或切换的信息，这些变化或切换主要以各种文字和图片广告形式出现。广告信息展示是互联网中非常重要的应用。本章主要介绍如何实现各种动态广告效果。

7.1 动态文字消息

7.1.1 两个消息框同时滚动显示

1.实例展示

页面中两个消息框同时滚动显示信息。如图 7-1 所示。

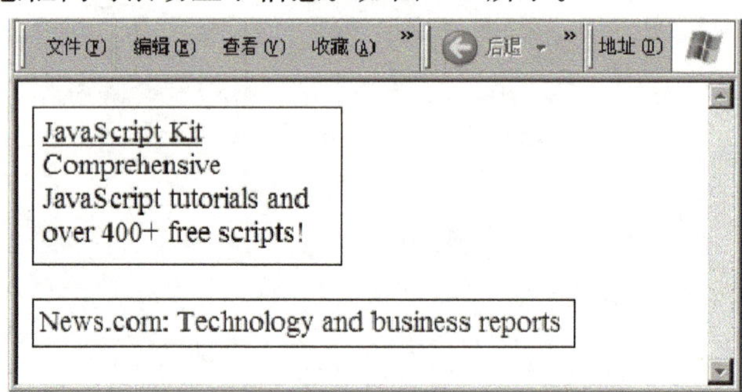

图 7-1 页面中两个消息同时滚动

2.任务要求

在页面的两个特定区域同时滚动显示新闻信息。信息中的文字有些带有超级链接，有些只是普通文字。

3.程序设计思路

实现该效果要用到 JavaScript 面向对象编程技术。对所显示内容的格式通过 CSS 来定义。将要显示的文字内容通过使用数组对象 Array()来定义，并分成不同的段落来定义数组对象实例。对于文字滚动效果，通过使用对象来定义暂停信息滚动构造器函数(类对象)，该例中涉及为对象定义公共方法和静态方法。

4.技术要点

(1)定义 CSS

```
<style type="text/css">
//滚动显示文字的 CSS,其中 pscroller1 对应显示文字图层的 name 标号
#pscroller1{width: 200px;height: 100px;border: 1px solid black;padding: 5px;background-color:
lightyellow;};
……
……
</style>
```

(2)创建数组对象 pausecontent 用于定义待显示内容

```
var pausecontent=new Array()
```

例如:

```
pausecontent[0]='<a href="http://www.javascriptkit.com"> JavaScript Kit</a>
<br />Comprehensive JavaScript tutorials and over 400+free scripts!'
```

(3)定义对象

```
function pausescroller(content, divId, divClass, delay){ //设计暂停信息滚动的功能 }
```

(4)定义对象公共方法设置滚动初始化方法

```
pausescroller.prototype.animateup=function(){//对象 pausescroller 的公共方法 }
```

(5)定义对象公共方法设置两个内层同时向上滚动的方法

```
pausescroller.prototype.animateup=function(){//对象 pausescroller 的公共方法 }
```

(6)设置显示和隐藏层 div 的方法 swapdivs()

```
pausescroller.prototype.swapdivs=function(){//对象 pausescroller 的公共方法 }
```

(7)设置下一条信息显示之前,移动其隐藏层 div

```
pausescroller.prototype.setmessage=function(){//对象 pausescroller 的公共方法 }
```

(8)设置滚动层的位置

```
pausescroller.getCSSpadding=function(tickerobj){ //获取 CSS 的内边距,是静态方法 }
```

5.程序代码编写

```
<! DOCTYPE html>
<html>
<head>
<title> 滚动显示新闻</title>
    <META NAME="liyuncheng" CONTENT="email:yunchengli@sina.com">
<style type="text/css">
//滚动显示文字的 CSS
#pscroller1{width: 200px;height: 100px;border: 1px solid black;padding: 5px;
background-color: lightyellow;}
#pscroller2{width: 350px;height: 30px;border: 1px solid black;padding: 3px;}
#pscroller2 a{text-decoration: none;}
.someclass{ //如果需要,可以使用 class
```

```
}
</style>
<script type="text/JavaScript">
//两组信息滚动的实例
//定义第一组滚动内容,创建数组对象 pausecontent,用于定义待显示内容
var pausecontent=new Array()
pausecontent[0]='<a href="http://www.javascriptkit.com">JavaScript Kit</a>
<br />Comprehensive JavaScript tutorials and over 400+free scripts!'
//这一个值的前一部分带有超级链接,后一部分是普通文字
pausecontent[1]='<a href="http://www.codingforums.com">Coding Forums</a>
<br />Web coding and development forums.'
//这一个值的前一部分带有超级链接,后一部分是普通文字
pausecontent[2]='<a href="http://www.cssdrive.com" target="_new">CSS Drive</a>
<br />Categorized CSS gallery and examples.'
//定义第二组滚动内容
var pausecontent2=new Array();
pausecontent2[0]='<a href="http://www.news.com">News.com: Technology and business reports</a>'
//带有超级链接的文字
pausecontent2[1]='<a href="http://www.cnn.com">CNN: Headline and breaking news 24/7</a>'
pausecontent2[2]='<a href="http://news.bbc.co.uk">BBC News: UK and international news</a>'
</script>
<script type="text/JavaScript">
//定义暂停信息滚动构造器函数(类对象),静态类
function pausescroller(content, divId, divClass, delay){
this.content=content //信息数组内容
this.tickerid=divId //显示信息层对象 ID
this.delay=delay //两条信息之间停留时间 miliseconds
this.mouseoverBol=0 //鼠标是否指向信息(and pause it if it is)
this.hiddendivpointer=1 //隐藏信息层的数组 index
document.write('<div id="'+divId+'" class="'+divClass+'" style=" position: relative; overflow:
hidden"><div class="innerDiv" style="position: absolute; width: 100%" id="'+divId+'1">'+content
[0]+'</div><div class=" innerDiv" style="position: absolute; width: 100%; visibility: hidden" id="'+
divId+'2">'+content[1]+'</div></div>')
var scrollerinstance=this; //定义 this 为滚动条实例
//分几种情况考虑
if(window.addEventListener)//在 DOM2 浏览器中运行
    window.addEventListener("load", function(){scrollerinstance.initialize()}, false);//调用公共方法
else if(window.attachEvent)//在 IE 5.5 以上版本浏览器中运行
    window.attachEvent("onload", function(){scrollerinstance.initialize()});
else if(document.getElementById)//如果是 DOM 浏览器, 就在 500 毫秒后滚动信息
    setTimeout(function(){scrollerinstance.initialize()}, 500);
}
```

```
//initialize()是初始化滚动条的方法
//获取 div 对象，设定初始位置，设计滚动动画
//利用 prototype 原型属性添加 pausescroller 类型的公共方法:initialize()方法
pausescroller.prototype.initialize=function(){
    this.tickerdiv=document.getElementById(this.tickerid);
    this.visiblediv=document.getElementById(this.tickerid+"1");
    this.hiddendiv=this.hiddendiv=document.getElementById(this.tickerid+"2");
    //调用静态方法
    this.visibledivtop=parseInt(pausescroller.getCSSpadding(this.tickerdiv));
    this.visiblediv.style.width=this.hiddendiv.style.width=this.tickerdiv.offsetWidth-(this.visibledivtop * 2)
    +"px";
    this.getinline(this.visiblediv, this.hiddendiv);
    this.hiddendiv.style.visibility="visible";
    var scrollerinstance=this;
    document.getElementById(this.tickerid).onmouseover=function(){
        scrollerinstance.mouseoverBol=1;
    }
document.getElementById(this.tickerid).onmouseout=function(){
    scrollerinstance.mouseoverBol=0;
}
if(window.attachEvent)/ * Internet Explorer 从 5.0 开始提供了一个 attachEvent 方法,使用这个方法可
以给一个事件指派多个处理过程 * /
    window.attachEvent("onunload", function()
    {       scrollerinstance. tickerdiv. onmouseover=scrollerinstance. tickerdiv.onmouseout=null})
            setTimeout(function(){scrollerinstance.animateup()}, this.delay);
    }
//animateup()是两个内层同时向上滚动的方法
pausescroller.prototype.animateup=function(){//公共方法
    var scrollerinstance=this;
    if(parseInt(this.hiddendiv.style.top)>(this.visibledivtop+5))
{     this.visiblediv.style.top=parseInt(this.visiblediv.style.top)-5+"px";//向上滚动 5px
      this.hiddendiv.style.top=parseInt(this.hiddendiv.style.top)-5+"px";
      setTimeout(function(){scrollerinstance.animateup()}, 50);
}
else{
     this.getinline(this.hiddendiv, this.visiblediv);
    this.swapdivs();
    setTimeout(function(){scrollerinstance.setmessage()}, this.delay);
}
}
//swapdivs()是互换这个 div 的显示和隐藏属性
//设置显示和隐藏层 div 的方法 swapdivs()
```

```
pausescroller.prototype.swapdivs=function(){//公共方法
    var tempcontainer=this.visiblediv;
    this.visiblediv=this.hiddendiv;
    this.hiddendiv=tempcontainer;
}
//定义 getinline()方法
pausescroller.prototype.getinline=function(div1, div2){
    div1.style.top=this.visibledivtop+"px";
    div2.style.top=Math.max(div1.parentNode.offsetHeight, div1. offsetHeight)+"px";}
//setmessage()是设置下一条信息显示之前,移动其隐藏层 div 的方法
pausescroller.prototype.setmessage=function(){//公共方法
    var scrollerinstance=this;
    if(this.mouseoverBol==1)//若鼠标指向滚动条，则暂停
    setTimeout(function(){scrollerinstance.setmessage()}, 100);
else{
    var i=this.hiddendivpointer;
    var ceiling=this.content.length;
    this.hiddendivpointer=(i+1>ceiling-1)? 0 : i+1; //滚动下一条
    this.hiddendiv.innerHTML=this.content[this.hiddendivpointer];
    this.animateup();
}
}
pausescroller.getCSSpadding=function(tickerobj){ //获取 CSS 的内边距,是静态方法
    if(tickerobj.currentStyle)
        return tickerobj.currentStyle["paddingTop"];
    else if(window.getComputedStyle)//if DOM2
        return window.getComputedStyle(tickerobj, "").getPropertyValue("padding-top");
    else
    return 0;
}
</script>
</head>
<body>
<script type="text/javascript">
/ * new pausescroller(name_of_message_array, CSS_ID, CSS_classname, pause_in_ miliseconds) * /
new pausescroller(pausecontent, "pscroller1", "someclass", 3000);
document.write("<br />");
new pausescroller(pausecontent2, "pscroller2", "someclass", 2000);
</script>
</body>
</html>
```

6.知识拓展：CCS 样式语法基础

(1)基本语法

CSS 的定义是由三个部分构成，包括选择符(selector)、属性(properties)和属性的取值(value)。基本格式如下：

```
selector {property：value} //(选择符 {属性:值})
```

其中选择符可以是多种形式，一般是要定义样式的 HTML 标记，例如 BODY、P、TABLE……，你可以通过此方法定义它的属性和值，属性和值要用冒号隔开。例如：

body {color：black}//选择符 body 是指页面主体部分，color 是控制文字颜色的属性，black 是颜色的值，此例的效果是使页面中的文字为黑色。

如果属性的值是由多个单词组成，必须在值上加引号。例如字体的名称经常是几个单词的组合：

p {font-family："sans serif"} //定义段落字体为 sans serif

如果需要对一个选择符指定多个属性时，我们使用分号将所有的属性和值分开：

p {text-align：center；color：red} //段落居中排列;并且段落中的文字为红色

为了使定义的样式表方便阅读，可以采用分行的书写格式：

```
P {text-align：center；
    color：black；
    font-family：arial
} //段落排列居中，段落中文字为黑色，字体是 arial
```

(2)选择符

①类选择符

使用类选择符能够把相同的元素分类定义不同的样式，定义类选择符时，在自定类的名称前面加一个点号。假如想让两个不同的段落，一个段落向右对齐，一个段落居中。先定义两个类：

```
p.right {text-align：right}
p.center {text-align：center}
```

然后按照如下方式设置<p>标记的 class 属性：

```
<p class="right"> 这个段落向右对齐的
</p>
<p class="center">这个段落是居中排列的
</p>
```

②ID 选择符

在 HTML 页面中 ID 参数指定了某个单一元素，ID 选择符是用来对这个单一元素定义单独的样式。ID 选择符的应用和类选择符类似，只要把 class 换成 ID 即可。将上例中类用 ID 替代：

```
<p id="intro">这个段落向右对齐</p>
```

定义 ID 选择符要在 ID 名称前加上一个"#"号。和类选择符相同，定义 ID 选择符的属性也有两种方法。下面这个例子，ID 属性将匹配所有 id="intro"的元素：

```
#intro        //字体尺寸为默认尺寸的 110%；粗体；蓝色；背景颜色透明
{font-size:110%;
 font-weight:bold;
 color:#0000ff;
 background-color:transparent
}
```

下面这个例子，ID 属性只匹配 id="intro"的段落元素：

```
p#intro
{
  font-size:110%;
  font-weight:bold;
  color:#0000ff;
  background-color:transparent
}
```

注意：ID 选择符局限性很大，只能单独定义某个元素的样式，一般只在特殊情况下使用。

7.1.2 消息框中渐变交替显示文字信息

1.实例效果

消息框中渐变交替显示文字信息。如图 7-2 所示。

图 7-2 消息框中渐变交替显示文字信息

2.任务要求

在网页的特定区域显示消息框，框中渐变交替地显示三组文字信息。每组文字在一定间隔时间内呈现淡入/淡出的效果。

3.程序设计思路

在页面中首先创建一个层对象，然后将文字呈现在该容器内。再通过文档对象的颜色属性 document.getElementById("fscroller").style.color 改变颜色。

4.技术要点

(1)定义层及其待显示内容

```
var fcontent=new Array(); //用于定义文字内容
begintag='<div style="font: normal 14px Arial; padding: 5px;">';
fcontent[0]=" ";
fcontent[1]=" ";
fcontent[2]=" ";
closetag="</div>";
```

(2)定义交替变换内容的函数

```
function changecontent(){ }
```

其中包括设定所用层的颜色改变,利用文档对象的如下属性:

```
document.getElementById("fscroller").style.color=" "
```

在层中显示文字,利用文档对象的如下属性:

```
document.getElementById("fscroller").innerHTML=显示标记及内容;
```

5.程序代码编写

```
<! DOCTYPE html>
<html>
<head>
<title> 文字渐变交替显示</title>
    <META NAME="liyuncheng" CONTENT="Email:yunchengli@sina.com">
</head>
<body>
<script type="text/JavaScript">
var delay=2000; //两条信息间暂停时间(in miliseconds)
var maxsteps=30; //颜色改变一次所持续的时间
var stepdelay=40; //单步变化延迟时间
//注意: maxsteps 和 stepdelay 为效果持续时间的毫秒值
var startcolor=new Array(255,255,255); //三原色(红,绿,蓝)
var endcolor=new Array(0,0,0); //变化后颜色(红,绿,蓝)
var fcontent=new Array();
//设置开始显示的标记及属性,这里是字体属性声明
begintag='<div style="font: normal 14px Arial; padding: 5px;">';
fcontent[0]="<b >What's new? </b ><br >New scripts added to the Scroller category!
<br ><br >The MoreZone has been updated.<a href='../morezone/index.htm'>Click here to visit
</a >";
```

```
fcontent[1]="Dynamic Drive has been featured on Jars as a top 5% resource, and About.com as a recommended DHTML destination.";
fcontent[2]="Ok, enough with these pointless messages.<a href='../morezone/index.htm'>You get the idea behind this script.</a>";
closetag="</div>";
//上面定义了所要显示的文字信息
var fwidth="150px"; //设定滚动条宽度
var fheight="150px"; //设定滚动条高度
var fadelinks=1; //should links inside scroller content also fade like text? 0 for no, 1 for yes.
///不需要的写下面一行/////////////////
var ie4=document.all&&! document.getElementById;
var DOM2=document.getElementById;
var faderdelay=0;
var index=0;
/* Rafael Raposo edited function */
//交替变换内容的函数定义
function changecontent()
{
    if(index>=fcontent.length)
    index=0;
    if(DOM2)
    {
        //设定所用层的颜色变化
        document.getElementById("fscroller").style.color="rgb("+startcolor[0]+", "+startcolor[1]
        +", "+startcolor[2]+")"
        //在层中显示文字
        document.getElementById("fscroller").innerHTML=begintag+fcontent[index]+closetag
        if(fadelinks)
        linkcolorchange(1);
        colorfade(1, 15);
    }
    else if(ie4)
    document.all.fscroller.innerHTML=begintag+fcontent[index]+closetag;
    index++;
}
//partially by Marcio Galli for Netscape Communications.
{
```

```
//colorfade()是针对原来 Netscape 的定义
//定义修改链接文字颜色改变的函数
function linkcolorchange(step)
var obj=document.getElementById("fscroller").getElementsByTagName("A");
if(obj.length >0)
{
    for(i=0;i<obj.length;i++)
    obj[i].style.color=getstepcolor(step);
}
}
//颜色渐变控制函数的定义
var fadecounter;
function colorfade(step)
{
    if(step <=maxsteps)
    {
        document.getElementById("fscroller").style.color=getstepcolor(step);
        if(fadelinks)
        linkcolorchange(step);
        step++;
        fadecounter=setTimeout("colorfade("+step+")",stepdelay);
    }
    else{
        clearTimeout(fadecounter);
        document.getElementById("fscroller").style.color="rgb("+endcolor[0]+", "+endcolor[1]
        +", "+endcolor[2]+")";
        setTimeout("changecontent()", delay);
    }
}
//颜色分步改变函数的定义
function getstepcolor(step)
{
    var diff
    var newcolor=new Array(3);
        for(var i=0;i<3;i++)
        { diff=(startcolor[i]-endcolor[i]);
        if(diff >0)
        {     newcolor[i]=startcolor[i]-(Math.round((diff/ maxsteps)) * step);
        }
        else {newcolor[i]=startcolor[i]+(Math.round((Math.abs(diff)/ maxsteps)) * step);
```

```
        }
    }
    return("rgb("+newcolor[0]+", "+newcolor[1]+", "+newcolor[2]+")");
    }
    //下面代码为最后呈现效果
    if(ie4||DOM2)
    document.write('<div id="fscroller" style="border: 1px solid black; width: ' + fwidth +';
height:'+fheight+'"></div>');
    if(window.addEventListener)
    window.addEventListener("load", changecontent, false);
    else if(window.attachEvent)
    window.attachEvent("onload", changecontent);
    else if(document.getElementById)
    window.onload=changecontent;
    </script>
    </body>
    </html>
```

7.1.3 消息框中文字自下而上不停地滚动

1.实例效果

消息框中文字自下向上不停地滚动。如图 7-3 所示。

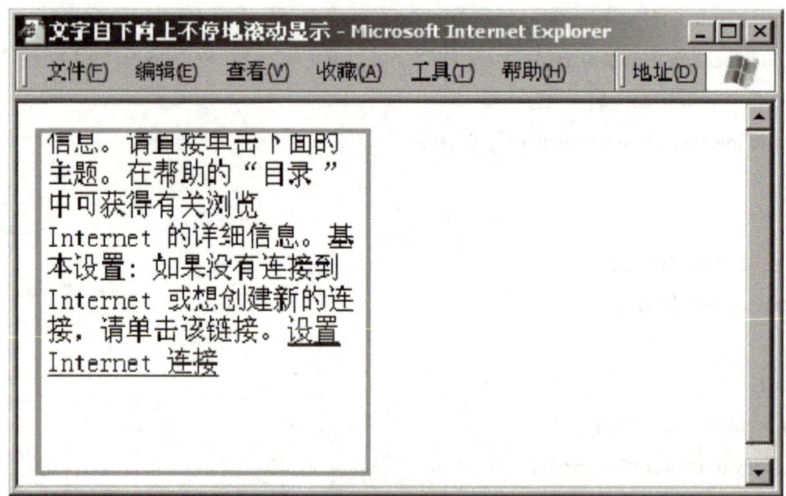

图 7-3 消息框中文字自下向上不停地滚动

2.任务要求

在网页的特定区域显示消息框，框中文字自下向上不停地滚动。文字在一定间隔时间内重复呈现，当鼠标指向消息框内时文字会停止滚动，且可以单击其中的超级链接。

3.程序设计思路

在页面中首先创建一个层对象，然后将文字呈现在该容器内。再通过层对象的位置属性 document.getElementById("cross_marquee ").style.top 的改变产生移动变化效果。

4.技术要点

(1)定义所显示内容的 CSS

```
<style type="text/css">
#marqueecontainer{
  position: relative;width: 200px; /*滚动区域 宽度 */
  height: 200px;                   /*滚动区域 高度 */
  background-color:white;overflow:hidden;border:3px solid orange; padding:2px;
  padding-left: 4px;
}
</style>
```

(2)定义滚动变化函数

```
function scrollmarquee(){
//设置文字层对象的 top 位置变化,使其不断增加,产生向上移动的效果
}
```

5.程序代码编写

```
<! DOCTYPE html>
<html>
<head>
<title>文字自下向上不停地滚动显示</title>
<META NAME="liyuncheng" CONTENT="email:yunchengli@sina.com">
<style type="text/css">
 #marqueecontainer{
  position: relative;width: 200px; /*滚动区域 宽度 */
  height: 200px;                   /*滚动区域 高度 */
  background-color:white;overflow:hidden;border:3px solid orange;padding:2px;
  padding-left: 4px;
 }
</style>
<script type="text/JavaScript">
var delayb4scroll=2000; //指定信息在页面上的滚动延迟时间(2000=2 seconds)
var marqueespeed=2; //定义滚动速度(数字越大,速度越快,范围为 1~10)
var pauseit=1; //暂停滚动,当鼠标移到页面上时,0 表示不暂停滚动,1 表示暂停滚动
////不需要改变下面一行////////////
var copyspeed=marqueespeed;
var pausespeed=(pauseit==0)? copyspeed: 0
var actualheight='';
```

```
//定义滚动效果函数
function scrollmarquee(){
  if(parseInt(cross_marquee.style.top)>(actualheight*(-1)+8))
        ross_marquee.style.top=parseInt(cross_marquee.style.top)-copyspeed+"px";
  else
        cross_marquee.style.top=parseInt(marqueeheight)+8+"px";
}
//定义初始滚动函数
function initializemarquee(){
   cross_marquee=document.getElementById("vmarquee");
   cross_marquee.style.top=0;
   marqueeheight=document.getElementById("marqueecontainer").offsetHeight;
   actualheight=cross_marquee.offsetHeight;
   if(window.opera || navigator.userAgent.indexOf("Netscape/7")! =-1){ //if Opera or Netscape 7x, add scrollbars to scroll and exit
     cross_marquee.style.height=marqueeheight+"px";
     cross_marquee.style.overflow="scroll";
     return
     }
    setTimeout('lefttime=setInterval("scrollmarquee()",30)', delayb4scroll);
}
if(window.addEventListener)
    window.addEventListener("load", initializemarquee, false);
else if(window.attachEvent)
    window.attachEvent("onload", initializemarquee);
else if(document.getElementById)
    window.onload=initializemarquee;
</script>
</head>
<body>
<div id="marqueecontainer" onMouseOver="copyspeed=pausespeed" onMouseOut="copyspeed=marqueespeed">
<div id="vmarquee" style="position: absolute; width: 98%;">
<! --YOUR SCROLL CONTENT HERE-->
<h4>Internet Explorer 入门</h4>
通过 Internet 连接和 Internet Explorer,可以查找和浏览 Web 上的所有信息。请直接单击下面的主题。在帮助的“目录”中可获得有关浏览 Internet 的详细信息。基本设置:如果没有连接到 Internet 或想创建新的连接,请单击该链接。<a href="" >设置 Internet 连接</a>
<! --YOUR SCROLL CONTENT HERE-->
</div>
</div>
</body>
</html>
```

7.2 图片广告效果

7.2.1 利用 CSS 技术弹出图片浏览器

1.实例效果

网页文档区中显示图片放大效果。如图 7-4 所示。

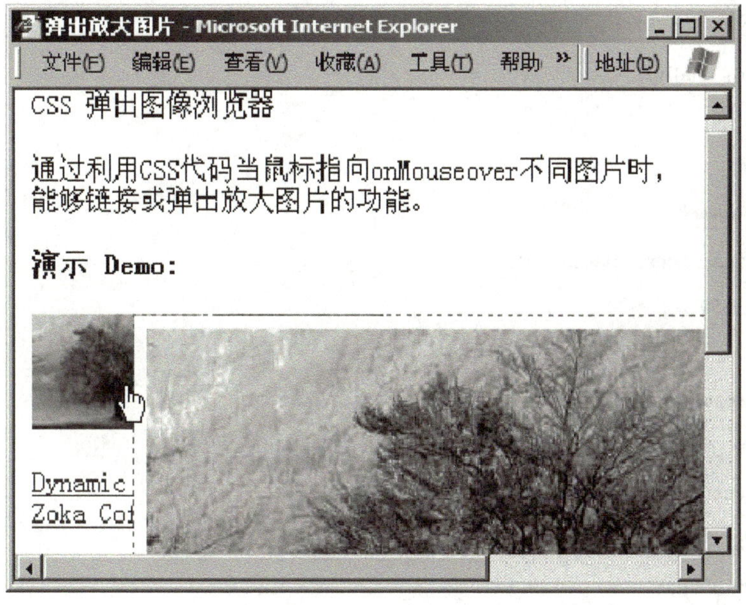

图 7-4　弹出放大图片

2.任务要求

在页面文档区中，当鼠标指向两个图片和两个链接时会显示相应图的放大图片，用于进一步明确信息内容。

3.程序设计思路

通过利用 CSS 技术来设计图片放大效果。对页面所要处理对象设置其标记的 name 或 class 属性，以便编写 CSS 样式对其进行控制。

4.技术要点

(1)设定特定锚点的 class 属性，这里设定相应图片和链接的锚点标记 class 为“thumbnail”。

(2)将待放大图片放在块对象<span></span>中。

(3)在定义 CSS 样式时，将<span></span>中的待放大图片的 visibility 属性设为 hidden；单鼠标指向时将 visibility 属性设为 visible，且将左边 left 设为 60，即偏移原图 60px。同时设置与显示图片有关的其他属性。

5. 程序代码编写

```
<! DOCTYPE html>
"http://www.w3.org/TR/xhtml1/DTD/xhtml1-transitional.dtd">
<html>
<head>
  <meta http-equiv="Content-Type" content="text/html; charset=gb2312" />
  <META NAME="liyuncheng" CONTENT="Email:yunchengli@sina.com">
<title>弹出放大图片</title>
<style type="text/css">
.thumbnail{
    position: relative;
    z-index: 0;
}
.thumbnail:hover{
    background-color: transparent;
    z-index: 50;
}
.thumbnail span{ //为放大图像定义的 CSS
    position: absolute;
    background-color: lightyellow;
    padding: 5px;
    left: -1000px;
    border: 1px dashed gray;
    visibility: hidden;//设置图片为隐藏状态
    color: black;
    text-decoration: none;
}
.thumbnail span img{ //为放大图像定义的 CSS
border-width: 0;
padding: 2px;
}
.thumbnail:hover span{ //在鼠标指向时放大图像定义的 CSS
visibility: visible; //设置图片为显示状态
top: 0;
```

```
left: 60px; //定义放大图像水平方向的位置
}
</style>
</head>
<body>
<p><span class="headers" style="MARGIN-TOP: 10px">CSS 弹出放大图片浏览器</span>
</p>
<p>通过利用 CSS 代码，当鼠标指向 onMouseover 不同图片时，能够链接或弹出放大图片的功能。
</p>
<p><b class="codetitle">演示 Demo:</b></p>
<! -- 定义链接标记的 class 属性为 thumbnail -->
<p><a class="thumbnail" href="#thumb"><img src="media/tree_thumb.jpg" width="100px"
height="66px" border="0" /><span><img src="media/tree.jpg" /><br />
Simply beautiful.</span></a>
<a class="thumbnail" href="#thumb"><img src="media/ ocean_thumb.jpg" width="100px"
height="66px" border="0" /><span><img src="media/ocean.jpg" /><br />
So real, it's unreal. Or is it? </span></a>
<br />
<br />
<a class="thumbnail" href="#thumb">Dynamic Drive <span><img src="media/dynamicdrive.
jpg" /><br />
Dynamic Drive </span></a><br />
<a class="thumbnail" href="#thumb">Zoka Coffee <span><img src="media/zoka.gif" />
<br />
Zoka Coffee </span></a>
</p>
</body>
</html>
```

6.重点代码分析

(1)页面显示图片的标记代码如下：

```
<a class="thumbnail" href="#thumb"><img src="media/tree_thumb.jpg" width="100px" height
="66px" border="0" /><span><img src="media/tree.jpg" /><br />
Simply beautiful.</span></a>
```

其中，前一个<img>标记为初始显示图片，<span></span>标记中的<img>为利用 CSS 控制而显示的放大图片。

(2)CSS 定义中,如下代码为对放大图片的初始化设置。

```
.thumbnail span{ //为放大图像定义的 CSS
    position: absolute;
    background-color: lightyellow;
    padding: 5px;
    left: -1000px;
    border: 1px dashed gray;
    visibility: hidden;    //设置图片为隐藏状态
    color: black;
    text-decoration: none;
}
```

(3)CSS 定义中,如下代码为鼠标指向时对放大图片的设置。

```
.thumbnail:hover span{ //在鼠标指向时放大图像定义的 CSS
    visibility: visible;    //设置图片为显示状态
    top: 0;
    left: 60px;
}
```

7.2.2 控制图片左右滚动

1.实例效果

在页面上显示图片左右滚动的效果。如图 7-5 所示。

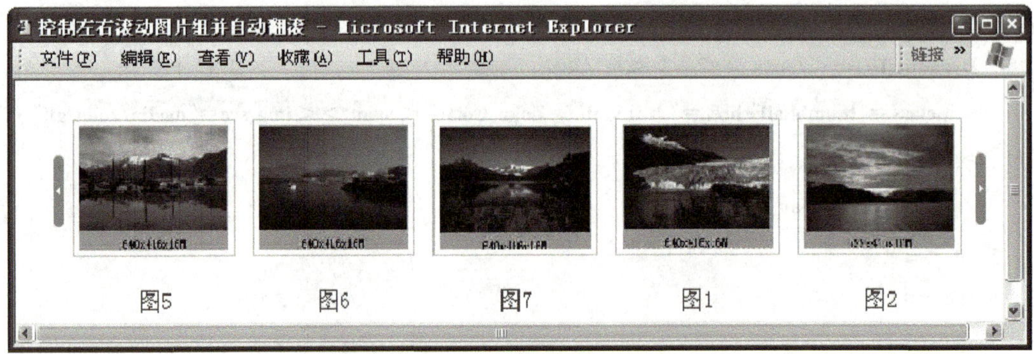

图 7-5 图片左右滚动效果

2.任务要求

在页面中水平显示 7 张图片且图下有相应标识文字,设计能够自动从右向左每隔特定时间滚动一张图片的效果,同时也可以通过左右两个箭头控制图片向左或向右滚动。当单击每张图片时会链接到相应的网页。

3.程序设计思路

首先定义图片显示区域的样式表,其内容包括:各类区域大小等属性、左右两个箭头属性。

其次，在页面利用创建层展示各张图片内容，并设置相应属性。

最后，编写 JavaScript 代码，控制其图片展示效果。

4.技术要点

(1)定义样式表中的待显示层中元素的属性。如：

```
.rollBox{width:704px;overflow:hidden;padding:12px 0 5px 6px;}
.rollBox .LeftButton{height:52px;width:19px;background:url(images/job_mj_069.gif)no-repeat 11px 0;overflow:hidden;float:left;display:inline; margin: 25px 0 0 0;cursor:pointer;}
```

(2)在页面中创建一组层对象。如：

```
<div class="rollBox"><! -- 最外层的层对象，理解为一个大容器 -- >
    <div class="LeftBotton" onmousedown="ISL_GoUp()" onmouseup="ISL_StopUp()" onMouseOut="ISL_StopUp()"></div> <! -- 创建显示左侧箭头标识的层，同时定义其 class 属性，以及事件处理方法 -- >
    <div class="Cont" id="ISL_Cont"> <! -- 创建 class 为 Cont 的层，用来作为一个容器，在样式表中已经定义其大小等属性 -- >
    <div class="ScrCont">
    <div id="List1">
    <! -- 图片列表 begin -->
    <div class="pic">
    <a href="http://career.sina.com.cn/3/2007/0928/15.html" target="_blank">
    <img src="images/1.jpg" width="109" height="87" alt="图 1" /></a>
    <p><a href="http://career.sina.com.cn/3/2007/0928/15.html" target="_blank">图 1</a></p>
    </div>
……
```

(3)对已经显示在页面中的图片组进行滚动控制，即开始编写 JavaScript 代码。如：

```
//向前滚动动作函数
function ISL_ScrUp(){
    if(GetObj("ISL_Cont").scrollLeft<=0)
        {GetObj("ISL_Cont").scrollLeft=GetObj("ISL_Cont").scrollLeft+
        GetObj("List1").offsetWidth}
        GetObj("ISL_Cont").scrollLeft -=Space ;
}
```

其中 Space 是每次滚动的像素值。

5.程序代码编写

```
<! DOCTYPE html>
<html >
<head>
```

```
<meta http-equiv="Content-Type" content="text/html; charset=gb2312" />
<META NAME="liyuncheng" CONTENT="email:yunchengli@sina.com">
<title>控制左右滚动图片组并自动翻滚</title>
</head>
<body>
<div class="rollBox">
    <div class="LeftBotton" onmousedown="ISL_GoUp()" onmouseup="ISL_StopUp()"
    onmouseout="ISL_StopUp()"></div>
    <div class="Cont" id="ISL_Cont">
    <div class="ScrCont">
    <div id="List1">
    <! -- 图片列表 begin -->
        <div class="pic">
        <a href="http://career.sina.com.cn/3/2007/0928/15.html" target="_blank">
        <img src="images/1.jpg" width="109" height="87" alt="图 1" /></a>
    <p><a href="http://career.sina.com.cn/3/2007/0928/15.html" target="_blank">图 1</a></p>
        </div>
        <div class="pic">
        <a href="http://career.sina.com.cn/3/2007/0928/16.html" target= "_blank">
        <img src="images/2.jpg" width="109" height="87" alt="图 2" /></a>
    <p><a href="http://career.sina.com.cn/3/2007/0928/16.html" target= "_blank">图 2</a></p>
        </div>
        <div class="pic">
        <a href="http://career.sina.com.cn/3/2007/0928/14.html" target="_blank">
        <img src="images/3.jpg" width="109" height="87" alt="图 3" /></a>
    <p><a href="http://career.sina.com.cn/3/2007/0928/14.html" target= "_blank">图 3</a></p>
        </div>
        <div class="pic">
        <a href="http://career.sina.com.cn/3/2007/0928/17.html" target="_blank">
        <img src="images/4.jpg"width="109" height="87" alt="图 4" /></a>
    <p><a href="http://career.sina.com.cn/3/2007/0928/17.html" target= "_blank">图 4</a></p>
        </div>
        <div class="pic">
```

```
        <a href="http://career.sina.com.cn/3/2007/0928/19.html" target="_blank">
        <img src="images/5.jpg" width="109" height="87" alt="图 5" /></a>
    <p><a href="http://career.sina.com.cn/3/2007/0928/19.html" target="_blank">图 5</a></p>
        </div>
        <div class="pic">
        <a href="http://career.sina.com.cn/3/2007/0928/18.html" target="_blank">
        <img src="images/6.jpg" width="109" height="87" alt="图 6" /></a>
    <p><a href="http://career.sina.com.cn/3/2007/0928/18.html" target="_blank">图 6</a></p>
    </div>
    <div class="pic">
    <a href="http://career.sina.com.cn/3/2007/0927/12.html" target="_blank">
    <img src="images/7.jpg" width="109" height="87" alt="图 7" /></a>
    <p><a href="http://career.sina.com.cn/3/2007/0927/12.html" target="_blank">图 7</a></p>
    </div>
        <! -- 图片列表 end -->
  </div>
  <div id="List2"></div>
  </div>
  </div>
  <div class="RightBotton" onMouseDown="ISL_GoDown()"
  onMouseUp="ISL_StopDown()" onMouseOut="ISL_StopDown()"></div>
  </div>
  </div>
  <style type="text/css">
  <! --
  .rollBox{width:704px;overflow:hidden;padding:12px 0 5px 6px;}
  .rollBox .LeftBotton{height:52px;width:19px;background:url(images/job_mj_069.gif)no-repeat 11px
0;overflow:hidden;float:left;display:inline; margin: 25px 0 0 0;cursor:pointer;}
  .rollBox .RightBotton{height:52px;width:20px;background:url(images/job_mj_069.gif)no-repeat 8px
0;overflow:hidden;float:left;display:inline; margin:25px 0 0 0;cursor:pointer;}
  .rollBox .Cont{width:663px;overflow:hidden;float:left;}
  .rollBox .ScrCont{width:10000000px;}
  .rollBox .Cont .pic{width:132px;float:left;text-align:center;}
  .rollBox .Cont .pic img{padding:4px;background:#000FFF;border:1px solid #000CCC;display:
block;margin:0 auto;}
```

```
.rollBox .Cont .pic p{line-height:26px;color:#505050;}
.rollBox .Cont a:link,.rollBox .Cont a:visited{color:#626466;text-decoration : none;}
.rollBox .Cont a:hover{color:#000F00;text-decoration:underline;}
.rollBox #List1,.rollBox #List2{float:left;}
-->
</style>
<script language="JavaScript" type="text/JavaScript">
<! --
//图片滚动列表
var Speed=10; //速度(毫秒)
var Space=5; //每次移动距离(px)
var PageWidth=132; //翻页宽度
var fill=0; //整体移位
var MoveLock=false;
var MoveTimeObj;
var Comp=0;
var AutoPlayObj=null;
GetObj("List2").innerHTML=GetObj("List1").innerHTML;
GetObj("ISL_Cont").scrollLeft=fill;
GetObj("ISL_Cont").onmouseover=function(){clearInterval(AutoPlayObj);}
GetObj("ISL_Cont").onmouseout=function(){AutoPlay();}
AutoPlay();
//定义获取文档区域,确定 id 号对象的函数
function GetObj(objName){
  if(document.getElementById)
    {return eval('document.getElementById("'+objName+'")')}
  else
    {return eval("document.all."+objName)}
}
//定义图片自动滚动的函数
function AutoPlay(){
  clearInterval(AutoPlayObj);
  AutoPlayObj=setInterval("ISL_GoDown();ISL_StopDown();",5000); //间隔时间为 5 秒
}
//向前滚动开始函数
function ISL_GoUp(){
  if(MoveLock)return;
  clearInterval(AutoPlayObj);
```

```
    MoveLock=true;
   MoveTimeObj=setInterval("ISL_ScrUp();",Speed);
}
//向前滚动停止函数
function ISL_StopUp(){
      clearInterval(MoveTimeObj);
      if(GetObj("ISL_Cont").scrollLeft % PageWidth - fill! =0)
      {      Comp=fill-(GetObj("ISL_Cont").scrollLeft % PageWidth);
             CompScr();
      }
      else{
              MoveLock=false;
   }
AutoPlay();
}
//向前滚动动作函数
function ISL_ScrUp(){
      if(GetObj("ISL_Cont").scrollLeft<=0)
      {      GetObj("ISL_Cont").scrollLeft=GetObj("ISL_Cont").scrollLeft+
             GetObj("List1").offsetWidth}
      GetObj("ISL_Cont").scrollLeft -=Space ;
}
//向后滚动开始函数
function ISL_GoDown(){
      clearInterval(MoveTimeObj);
      if(MoveLock)return;
      clearInterval(AutoPlayObj);
      MoveLock=true;
      ISL_ScrDown();
      MoveTimeObj=setInterval("ISL_ScrDown()",Speed);
}
//向后滚动停止函数
function ISL_StopDown(){
      clearInterval(MoveTimeObj);
      if(GetObj("ISL_Cont").scrollLeft % PageWidth - fill! =0)
      {      Comp=PageWidth - GetObj("ISL_Cont").scrollLeft % PageWidth+fill;
             CompScr();
      }
```

```
        else {    MoveLock=false;
            }
        AutoPlay();
    }
    //向后滚动动作函数
    function ISL_ScrDown(){
        if(GetObj("ISL_Cont").scrollLeft >=GetObj("List1").scrollWidth)
        {
          GetObj("ISL_Cont").scrollLeft=GetObj("ISL_Cont").scrollLeft - GetObj("List1").scrollWidth;
        }
      GetObj("ISL_Cont").scrollLeft+=Space ;
    }
        function CompScr(){
         var num;
         if(Comp==0){MoveLock=false;return;}
         if(Comp <0){ //向前滚动
            if(Comp <-Space){
                Comp+=Space;
                num=Space;
            }
        else{
            num=-Comp;
            Comp=0;
        }
       GetObj("ISL_Cont").scrollLeft -=num;
       setTimeout("CompScr()",Speed);
    }
    else{ //向后滚动
        if(Comp >Space){
            Comp -=Space;
            num=Space;
        }
        else{
            num=Comp;
            Comp=0;
        }
        GetObj("ISL_Cont").scrollLeft+=num;
```

```
        setTimeout("CompScr()",Speed);
    }
}
-->
</script>
</body>
</html>
```

7.3 图片渐变交替显示

7.3.1 图片渐变交替显示 1

1.实例效果

在页面内显示一组大幅商品展示广告。如图 7-6 所示。

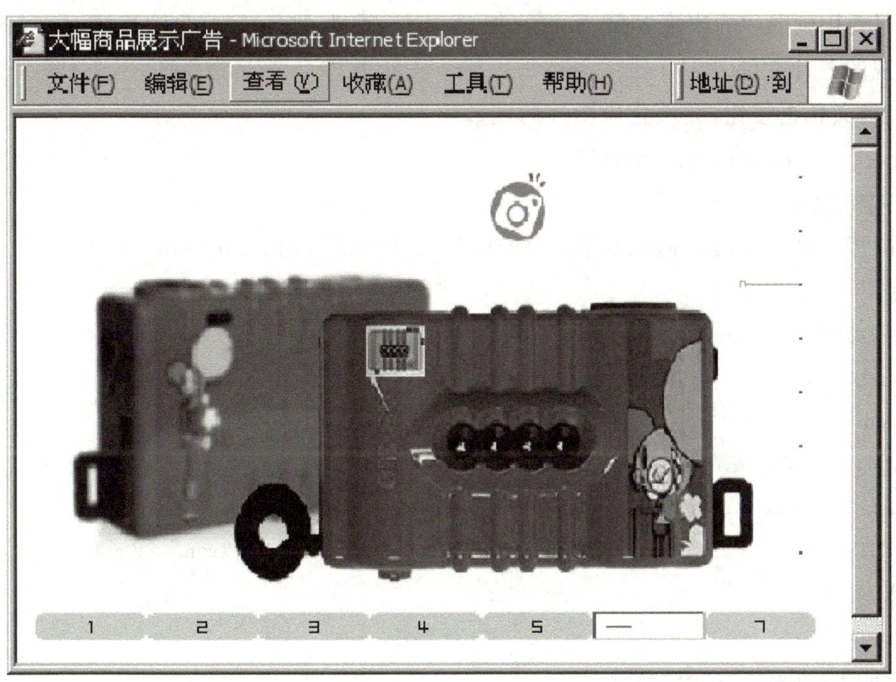

图 7-6　大幅商品展示广告

2. 任务要求

在网页文档区域利用表格的指定位置，自动渐变交替展示一组广告，在图片下方显示有相应的数字按钮，图片播放时相应按钮会有标记。同时也允许用户通过鼠标单击按钮来展示相应图片。

3.程序设计思路

在页面定义表格中显示图片和按钮图片。将广告图片、链接和按钮图片通过特定规律的名称定义，赋值给用数组对象定义的变量。设定广告图片在特定时间间隔渐变交替，呈现图片。

考虑用鼠标单击按钮显示指定的图片。

4.技术要点

(1)定义数组对象实例：

```
var roll_image=new Array();
var image_link=new Array();
var small_img=new Array();
```

分别用于广告图片、网址和按钮图片的赋值变量。

(2)利用随机数字生成函数 Math.random() * 7，产生最初的 1 至 7 的随机数字，用于指向相应图片名称。

(3)定义图片渐变交替展示函数：

```
function rotate(){}
```

这里要用到图片的滤镜效果，filters.blendtrans。通过 document.all.图片标记 name.src，指定要呈现的图片文件。

(4)定义单击按钮，显示相应图片的函数：

```
function click_simg(ci, no){}
```

(5)定时器：

定时用 setTimeout("递归函数",时间间隔)，清除定时用 clearTimeout()

5.程序代码编写

```
<! DOCTYPE html>
<html>
<head>
<title>大幅商品展示广告</title>
<meta http-equiv=content-type content="text/html; charset=gb2312">
<META NAME="liyuncheng" CONTENT="Email:yunchengli@sina.com">
</head>
<body>
<script language="JavaScript">
<! --
//定义三个数组对象实例,用于广告图片、网址和按钮图片的赋值变量
var roll_image=new Array();
var image_link=new Array();
var small_img=new Array();
```

```
//将数组元素赋给具体值
roll_image[0]="images/01.jpg";
image_link[0]="http://www.pqshow.com";
small_img[0]="images/main_flash_button1_on.gif";
roll_image[1]="images/02.jpg";
image_link[1]="http://www.pqshow.com";
small_img[1]="images/main_flash_button2_on.gif";
roll_image[2]="images/03.jpg";
image_link[2]="http://www.pqshow.com";
small_img[2]="images/main_flash_button3_on.gif";
roll_image[3]="images/04.jpg";
image_link[3]="http://www.pqshow.com";
small_img[3]="images/main_flash_button4_on.gif";
roll_image[4]="images/05.jpg";
image_link[4]="http://www.pqshow.com";
small_img[4]="images/main_flash_button5_on.gif";
roll_image[5]="images/06.jpg";
image_link[5]="http://www.pqshow.com";
small_img[5]="images/main_flash_button6_on.gif";
roll_image[6]="images/07.jpg";
image_link[6]="http://www.pqshow.com";
small_img[6]="images/main_flash_button7_on.gif";
//定义两个变量并赋给初始值
var cliimg="";
var cliimgsrc="";
//定义随机显示的最初图片
var imgno=Math.round(Math.random() * 7);
var interval=3000;
var settime="";
function click_simg(ci, no){
    var pimg=document.all.bigimg;
    var plink=document.all.imglink;
    if(cliimg=="")
    {
        cliimg=ci;
        cliimgsrc=ci.src;
        ci.src=small_img[no];
```

```
            imgno=no;
            pimg.src=roll_image[no];
            plink.href=image_link[no];
        }
        else if(cliimg! =ci){
            cliimg.src=cliimgsrc;
            cliimg=ci;
            cliimgsrc=ci.src;
            ci.src=small_img[no];
            imgno=no;
            pimg.src=roll_image[no];
            plink.href=image_link[no];
        }
        clearTimeout(settime);
        settime=setTimeout("rotate()",interval);
    }
    //定义图片渐变交替展示函数
    function rotate(){
        //指向图片的变量 imgno
        imgno=(imgno >=6)? 0 : imgno+1;
        var ci=eval("document.all.num_img"+imgno);
        //定义广告图片渐变交替效果
        document.all.bigimg.filters.blendtrans.apply();
        document.all.imglink.href=image_link[imgno];
        //显示指定的广告图片
        document.all.bigimg.src=roll_image[imgno];
        document.all.bigimg.filters.blendtrans.play();
        if(cliimg==""){
            cliimg=ci;
            cliimgsrc=ci.src;
            ci.src=small_img[imgno];
        }
        else if(cliimg! =ci){
            cliimg.src=cliimgsrc;
            cliimg=ci;
            cliimgsrc=ci.src;
            ci.src=small_img[imgno];
        }
```

```
        settime=setTimeout("rotate()",interval);
}
-->
</script>
<table cellspacing="0" cellpadding="0" width="420" border="0">
  <tbody>
  <tr>
  <td height="238"><a onfocus="this.blur()"
      href="http://www.pqshow.com/daima/36/#" name="imglink"><img
      style="filter: blendtrans(duration=1)" height="238"
      src=" images/01.jpg" width="420" border="0" name="bigimg"></a></td></tr>
  <tr>
    <td height="27">
      <table cellspacing="0" cellpadding="0" width="100%" border="0">
        <tbody>
        <tr>
          <td width="3"></td>
          <td width="61"><img style="cursor: hand"
            onclick="click_simg(this, 0);" height="15"
            src="images/main_flash_button1.gif" width="61" border="0"
            name="num_img0"></td>
          <td width="3"></td>
          <td width="61"><img style="cursor: hand"
            onclick="click_simg(this, 1);" height="15"
            src=" images/main_flash_button2.gif" width="61" border="0"
            name="num_img1"></td>
          <td width="3"></td>
          <td width="61"><img style="cursor: hand"
            onclick="click_simg(this, 2);" height="15"
            src=" images/main_flash_button3.gif" width="61" border="0"
            name="num_img2"></td>
          <td width="3"></td>
          <td width="61"><img style="cursor: hand"
            onclick="click_simg(this, 3);" height="15"
            src=" images/main_flash_button4.gif" width="61" border="0"
            name="num_img3"></td>
          <td width="3"></td>
          <td width="61"><img style="cursor: hand"
            onclick="click_simg(this, 4);" height="15"
```

```
        src=" images/main_flash_button5.gif" width="61" border="0"
        name="num_img4"></td>
      <td width="3"></td>
      <td width="61"><img style="cursor: hand"
        onclick="click_simg(this, 5);" height="15"
        src=" images/main_flash_button6.gif" width="61" border="0"
        name="num_img5"></td>
      <td width="3"></td>
        <td width="61"><img style="cursor: hand"
        onclick="click_simg(this, 6);" height="15"
        src=" images/main_flash_button7.gif" width="61" border="0"
        name="num_img6"></td>
        <td width="72"></td></tr></tbody></table></td></tr></tbody>
        </table>
<script language="JavaScript">
rotate();
</script>
</body>
</html>
```

7.3.2 图片渐变交替显示 2

1.实例效果

在页面中逐个显示一组图片的效果。如图 7-7 所示。

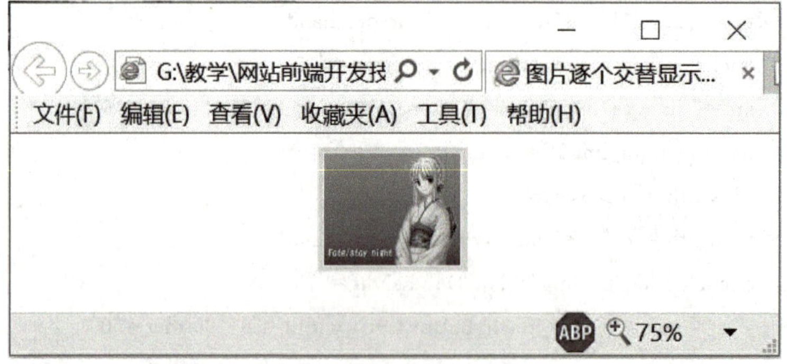

图 7-7 图片逐个交替显示效果

2.任务要求

页面上一组图片自动以幻灯方式播放，同时图片间切换时带有各种渐变效果。

3.程序设计思路

在页面中定义表格，用于在特定位置显示图片。利用数组对象实例元素指向相应的图片和要链接的地址。

接下来，就要编写程序代码控制图片显示和效果。

4.技术要点

(1)定义数组和图片对象实例。例如：

```
var bannerAD=new Array(10);
var bannerADlink=new Array(10);
//利用数组实例名称创建对象实例
bannerAD [i]=new Image();
```

(2)将图片赋给对象实例的 scr 属性。例如：

```
bannerAD[0].src="mf1_006.jpg";
bannerADlink[0]="1.htm";
```

(3)图片切换和显示效果的定义。例如：

```
//应用数学对象 Math()的 floor()和 random()方法计算并定义图片显示效果
bannerADrotator.filters.revealTrans.Transition=Math.floor(Math.random() * 23);
//切换显示滤镜效果
bannerADrotator.filters.revealTrans.apply();
```

5.程序代码编写

```
<! DOCTYPE html>
<html>
<head>
<title>图片逐个交替显示效果</title>
<meta http-equiv=Content-Type content="text/html; charset=gb2312">
<META NAME="Liyuncheng" CONTENT="Email:yunchengli@sina.com">
</head>
<body>
<table cellSpacing="0" cellPadding="0" width="770" align="center" border="0">
  <tbody>
  <tr>
    <! --table 的第 1 行第 1 列内再插入一个表格-->
  <td vAlign="top" width="180" height="12">
    <table cellSpacing="0" cellPadding="0" width="100%" border="0">
      <tbody>
      <tr>
        <td height="6"></td></tr>
```

```
<script language=JavaScript>
<! --
var bannerAD=new Array(10);
var bannerADlink=new Array(10);
var adNum=0;
for(i=0;i<10;i++){
  //利用数组实例名称创建对象实例
  bannerAD [i]=new Image();
}
//将图片赋给对象实例的 scr 属性
bannerAD[0].src="mf1_006.jpg";
bannerADlink[0]="1.htm"
bannerAD[1].src="hell1_009.jpg";
bannerADlink[1]="http://www.pqshow.com"
bannerAD[2].src="is1_004.jpg";
bannerADlink[2]="http://www.pqshow.com"
bannerAD[3].src="mega1_013.jpg";
bannerADlink[3]="http://www.pqshow.com"
bannerAD[4].src="fl1_004.jpg";
bannerADlink[4]="http://www.pqshow.com"
bannerAD[5].src="fqsn1_013.jpg";
bannerADlink[5]="http://www.pqshow.com"
bannerAD[6].src="gagra1_008.jpg";
bannerADlink[6]="http://www.pqshow.com"
bannerAD[7].src="hn1_005.jpg";
bannerADlink[7]="http://www.pqshow.com"
bannerAD[8].src="fate1_002.jpg";
bannerADlink[8]="http://www.pqshow.com"
bannerAD[9].src="mqj1_058.jpg";
bannerADlink[9]="http://www.pqshow.com"
//定义数组对象实例,用于与图片文件建立连接
//定义图片显示效果的函数
function setTransition(){
  if(document.all){
    //应用数学对象 Math()的 floor()和 random()方法计算,定义图片显示效果
    bannerADrotator.filters.revealTrans.Transition=Math.floor(Math.random()*23);
```

```
        //显示滤镜效果
        bannerADrotator.filters.revealTrans.apply();
    }
}
//播放显示效果
function playTransition(){
    if(document.all)
        bannerADrotator.filters.revealTrans.play()
}
//显示下一张图片的函数
function nextAd(){
    if(adNum<bannerADlink.length-1)
        //指向下一张图
        adNum++;
        //实现循环显示
        else adNum=0;
        //设置显示效果
        setTransition();
        //显示下一张图片
        document.images.bannerADrotator.src=bannerAD[adNum].src;
        //显示效果
        playTransition();
        theTimer=setTimeout("nextAd()", 4000);
}
//当鼠标单击图片时将链接到相应的页面
function jump2url(){
    jumpUrl=bannerADlink[adNum];
    jumpTarget="_blank";
    if(jumpUrl!="){
        if(jumpTarget!="")window.open(jumpUrl,jumpTarget);
        else location.href=jumpUrl;
    }
}
//在状态栏显示信息
function displayStatusMsg(){
```

```
    status=bannerADlink[adNum];
   document.returnValue=true;
}
-->
</script >
   <tr>
   <td align="middle">
         <! --内表格的第 2 行第 1 列再嵌入一个表格,并设置属性-->
   <table cellSpacing="6" cellPadding="1" bgColor="#E8E8E8" border"="0">
     <tbody>
     <tr>
     <td bgColor="#FFFFFF">
       <! --鼠标指向图片时,在状态栏显示图片信息,单击链接,打开相应网站-->
     < a onmouseover =" displayStatusMsg ( ); return document. returnValue" href =" javascript:
     jump2url()">
     <! --定义图片标签及其滤镜效果、加载 src 指向的页面、name="bannerADrotator" -->
     <img style="FILTER: revealTrans(duration=2,transition=40)" height=120 src="图片逐个
     交替显示效果.files/search_banner.htm" width="150" align="middle" border="0" name="
     bannerADrotator"></a>
     <! --调用显示图片函数-->
   <script language="JavaScript">
     nextAd()
     </script>
     </td></tr></tbody></table></td></tr>
     <tr>
       <td height=6></td>
     </tr>
</tbody></table></tr></tbody></table>
</body>
</html>
```

7.3.3 图片渐变交替显示 3

1.实例效果

网页中一组图片广告播放效果,如图 7-8 所示。

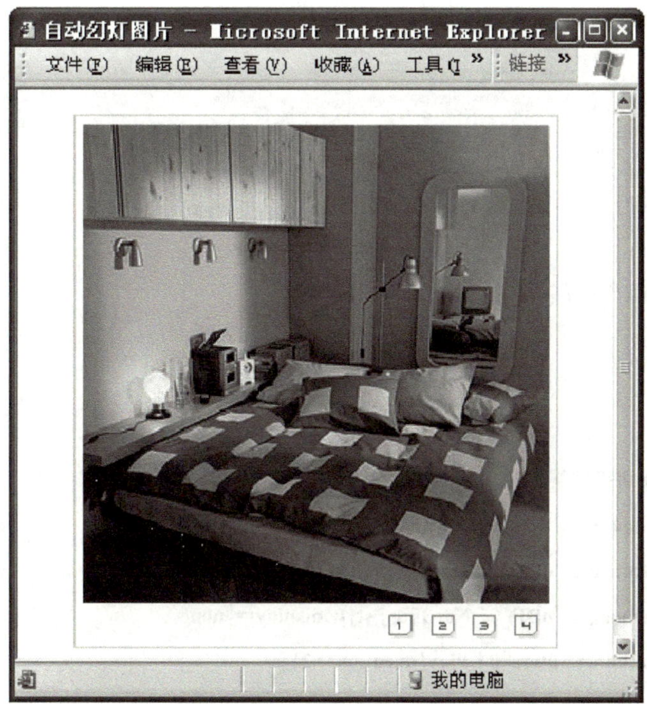

图 7-8　图片广告效果

2.任务要求

页面中的一组图片广告既可以以幻灯片方式切换，也可以单击下面的按钮选项来切换。

3.程序代码编写

该程序代码分为三个部分：css.css、article.js 和 html。

(1)css.css 文件，定义了图片下面按钮部分的属性。

```
td {font-size: 12px
   }
.solidbox {border-right: #D7D7D7 1px solid; border-top: #D7D7D7 1px solid; border-left:
          #D7D7D7 1px solid; border-bottom: #D7D7D7 1px solid
}
```

(2)article.js 文件，主要是图片切换和控制代码。

```
var NowImg=1;
var bStart=0;
var bStop=0;
//定义指向下一个图片函数
function fnToggle(){
var next=NowImg+1;
if(next==MaxImg+1)
```

```
{   NowImg=MaxImg;
    next=1;
}
if(bStop! =1)
{   if(bStart==0)
    {   bStart=1;
        setTimeOut("fnToggle()", 4000);
        return;
    }
    else
    //图片显示及切换的滤镜效果
    {   oTransContainer.filters[0].Apply();
        document.images["oDIV"+next].style.display="";
        document.images["oDIV"+NowImg].style.display="none";
        oTransContainer.filters[0].Play(duration=2);
        if(NowImg==MaxImg)
            NowImg=1;
        else
            NowImg++;
    }
    setTimeOut("fnToggle()", 4000);
}
}
//单击鼠标时显示相应图片
function toggleTo(img){
   bStop=1;
   if(img==1)
   {   document.images["oDIV1"].style.display="";
       document.images["oDIV2"].style.display="none";
       document.images["oDIV3"].style.display="none";
       document.images["oDIV4"].style.display="none";
   }
   else if(img==2)
   {   document.images["oDIV2"].style.display="";
       document.images["oDIV1"].style.display="none";
```

```
        document.images["oDIV3"].style.display="none";
        document.images["oDIV4"].style.display="none";
    }
  else if(img==3)
    {   document.images["oDIV3"].style.display="";
        document.images["oDIV1"].style.display="none";
        document.images["oDIV2"].style.display="none";
        document.images["oDIV4"].style.display="none";
    }
  else if(img==4)
    {   document.images["oDIV4"].style.display="";
        document.images["oDIV1"].style.display="none";
        document.images["oDIV2"].style.display="none";
        document.images["oDIV3"].style.display="none";
    }
}
```

(3)html 文件，将相应的图片等呈现在页面上。

```
<! DOCTYPE html>
<html>
<head>
<title>自动幻灯图片</title>
<meta http-equiv=Content-Type content="text/html; charset=gb2312">
<META NAME="Liyuncheng" CONTENT="Email:yunchengli@sina.com">
<script src="幻灯图片代码.files/article.js">
</script>
<link href="幻灯图片代码.files/css.css" type=text/css rel=stylesheet>
</head>
<body>
<table class="solidbox" cellSpacing="0" cellPadding="0" width="312" align="center"
border="0">
  <tbody>
  <tr>
    <td align="middle" width="312" height="312">
      <table cellSpacing="0" cellPadding="0" align="center" border="0">
        <tbody>
        <tr>
      <td>
<! --在表格内创建层并设置相应的属性和样式，同时设定图片及其链接 -- >
```

```
        <div id="oTransContainer" style="FILTER: progid: DXImageTransform.Microsoft.Wipe
(GradientSize= 1.0, wipeStyle = 0, motion = 'forward'); width: 220px; height: 194px" > <a href =
"http://www.pqshow.com/union/" target=_blank><img id="oDIV1" height="300" src="幻灯图片代
码.files/01.jpg" width="300" border="0"></a><a href="http://www.pqshow.com/ union/" target
="_blank"><img id="oDIV2" style="DISPLAY: none" height=300 src="幻灯图片代码.files/02.jpg"
width="300" border="0"></a> <a href="http://www.pqshow.com/union/" target="_blank">
<img id="oDIV3" style="DISPLAY: none" height=300 src="幻灯图片代码.files/03.jpg" width="300"
border="0"></a><a href="http://www.pqshow.com/union/" target="_blank"><img id="oDIV4"
Style="DISPLAY: none" height = 300 src ="幻灯图片代码.files/04.jpg" width ="300" border ="0">
</a></div></td></tr></tbody></table></td></tr>
    <tr>
      <td vAlign="top" align="right" height="22">
        <script>var MaxImg=4; fnToggle();//调用 js 函数
        </script>
        <! -- 生成图片下面的按钮及其属性-->
        <table cellSpacing="1" cellPadding="0" width="110" border="0">
          <tbody>
          <tr>
          <td width="26">
          <! -- 调用 js 函数实现鼠标单击显示效果-->
          <a href="javascript:toggleTo(1)"><img height="15" src=" 幻灯图片代码.files/s_1.gif"
          width="17" border="0"></a></td>
          <td width="26">
          <a href="javascript:toggleTo(2)"><img height="15" src="幻灯图片代码.files /s_2.gif"
          width="17" border="0"></a></td>
          <td width="26">
          <a href="javascript:toggleTo(3)"><img height="15" src="幻灯图片代码.files/s_3.gif"
          width="17" border="0"></a></td>
          <td width="27">
  <a href="javascript:toggleTo(4)"><img height="15" src="幻灯图片代码.files /s_4.gif" width=
  "17" border="0"></a></td></tr>
          </tbody>
        </table>
        </td>
        </tr>
      </tbody>
    </table>
  </body>
  </html>
```

第 8 章 网页导航菜单

网站设计开发中一定要对网站信息进行导航，经常见到的网页导航形式包括四大类：树形目录、弹出菜单、移动菜单、推拉式菜单。本章介绍如何设计网页导航菜单。

8.1 树形目录导航设计

8.1.1 使用层对象设计树形目录

1.实例效果

在页面显示二级树形目录菜单，如图 8-1 所示。

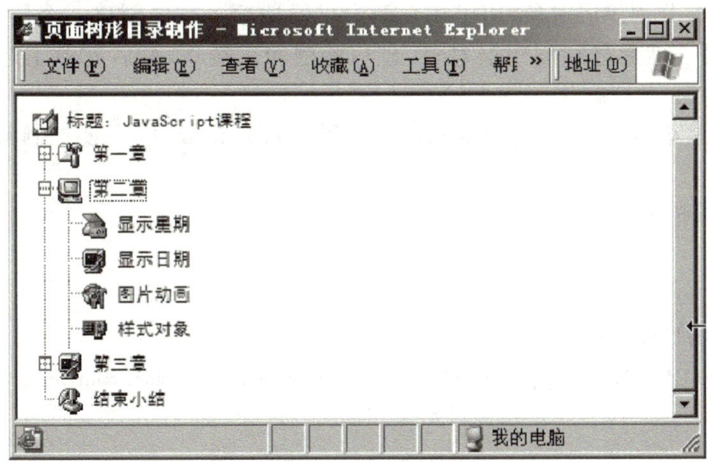

图 8-1 树形目录导航效果

2.任务要求

在网页文档区域显示一个由框架构成的三区域页面：横向上部为标题部分；下部左侧为显示目录页面；下部右侧用于显示具体链接内容页面。

3.程序设计思路

树形目录由根目录及其下面的一级目录和二级目录构成。设计中要完成如下两个任务：展开二级目录和折叠二级目录。展开和折叠时都涉及下面的目录位置发生变化。前一个任务通过设置层对象的 visibility 属性实现，后一任务则通过改变层对象的 top 属性值实现。为了完成任务务必建立几个对应关系：一级目录所在层与其二级目录所在层的对应关系；一级目录所在层与其图标的对应关系；所有一级目录的先后顺序关系。本例中将采用以包含数值的字符串标记元素的方法来建立以上三种关系。例如一级目录所在层的标识设置为 lay1、lay2……lay8，其二级目录对应为 lay1Sub、lay2Sub……lay8Sub；而一级目录图标则采用一级目录加 Img 进行标识。

4.技术要点

(1)style(样式)对象：每个标签元素都有 style 属性，它可以作为对象被访问。该属性值决定文档的各种格式。

(2)style 对象的 top 属性：垂直位置的坐标。例如：

<div style="top":200>

(3)style 对象的 visibility 属性：元素可见性。可以是 visible、hidden、inhert，分别是可见、隐藏和继承父元素。

(4)div 对象的 clientHeight 属性：块对象的高度。例如：

div_element. clientHeight=height_value

(5)document 对象的 getElementById()方法：通过页面中元素的 id 属性来定位元素或选中元素。

(6)document 对象的 images[id]数组：页面中所有<img>元素组成的数组访问该元素。例如 document.images[id].src=图片路径和文件名，用于改变图片。

(7)JavaScript 的全局函数 parseFloat()方法和 parseInt()方法。前者将参数提取为一个浮点数值，后者是将其参数值转换为整数。

5.程序代码编写

(1)在主体部分创建层对象，用于在页面中显示选项。首先创建一个层对象，作为显示各个选项的容器。然后分别创建层对象，显示标题和主选项，最后在各主选项下添加层对象，显示其子选项。

(2)脚本程序编写时，注意有效地利用每个层对象的 id 属性，以便控制其位置及显示或隐藏。

```
<! DOCTYPE html>
<html>
<head>
<title>页面树形目录制作</title>
<META NAME="liyuncheng" CONTENT="Email:yunchengli@sina. com">
</head>
<style>
   body {font-size:9pt;font-family:"黑体"}
   table {font-size:9pt;font-family:"黑体"}
   td {align:left;valign:middle;height:16px}
  img {vertical-align:middle}
    a {text-decoration:none;color:black}
```

```
</style>
<script language="JavaScript">
function moveSub(index){
    //被单击选项层对象的 id
    var clickDiv="lay"+index;
    //被单击选项子选项层对象的 id
    var clickDivSub;
    //被单击选项对应的图片 id
    var clickDivImg=clickDiv+"picture";
    //当前选项对应图片的 src 属性,用于获得显示的图片
    var theImgSrc=document.images[clickDivImg].src;
    //被单击选项下面的选项和子选项对应层对象的 id
    var belowDiv,belowSub;
    if(theImgSrc.indexOf("add.gif")>0)
    {
        document.images[clickDivImg].src="jian.gif";
        //被单击选项的子选项对应层对象的 id
        clickDivSub="lay"+index+"Sub";
        //被单击选项下面的选项对应层对象的 id
        belowDiv="lay"+(index+1);
        //被单击选项的子选项对应层对象的位置 top,应该是下一个选项对应层对象的 top 值
        document.getElementById(clickDivSub).style.top=document.getElementById(belowDiv).style.top;
        //设定被单击选项的子选项对应层对象为可见属性
        document.getElementById(clickDivSub).style.visibility="visible";
        //设定被单击选项下面的选项对应层对象的位置 top
        for(var i=1;i<4-index;i++)//注意下面的选项的个数为 4-index
        {
            //注意,在应用循环时,层 theLay2Sub,theLay3Sub……theLay4Sub 必须都存在,否则程序将出错
            //每个层都必须指定 top 属性,否则程序将出错
            belowDiv="lay"+(index+i);
            //被单击选项下面的选项对应层对象的 top 为: 原来 top+被单击选项的子选项对应层对象高度
              clientHeight. document.getElementById(belowDiv).style.top=parseInt(document.
              getElementById(belowDiv).style.top)+document.getElementById(clickDivSub).clientHeight;
            //被单击选项下面选项的子选项对应层对象的 id
            belowSub=belowDiv+"Sub";
```

```
    //被单击选项下面选项的子选项对应层对象的 top 为:原来子选项 top+被单击选项的子选项对
      应层对象高度
      clientHeight. document.getElementById(belowSub).style.top=parseInt(document.getElementById
      (belowSub).style.top)+document.getElementById(clickDivSub).clientHeight;
    }
    //第 4 项单独设定
    document.getElementById("lay4").style.top=parseInt(document.getElementById("lay4").style.top)
    +document.getElementById(clickDivSub).clientHeight;
    }
    else if(theImgSrc.indexOf("jian.gif")>0)
    {
      document.images[clickDivImg].src="add.gif";
      clickDivSub="lay"+index+"Sub";
      belowDiv="lay"+(index+1);
      document.getElementById(clickDivSub).style.visibility="hidden";
    for(var i=1;i<4-index;i++)
    {   belowDiv="lay"+(index+i);
      document.getElementById(belowDiv).style.top=parseInt(document.getElementById(belowDiv).
      style.top)-document.getElementById(clickDivSub).clientHeight;
      belowSub=belowDiv+"Sub";
      document.getElementById(belowSub).style.top=parseInt(document.getElementById(belowSub).
      style.top)-document.getElementById(clickDivSub).clientHeight;
    }
    document.getElementById("lay4").style.top=parseInt(document.getElementById("lay4").style.top)
    -document.getElementById(clickDivSub).clientHeight;
}
}
</script>
<body>
<div id="parentLay">
<div id="lay0" style="position:absolute;top:24px">
<table cellspacing=0 cellpadding=0>
<tr>
<td width=16 height=16><img src="title.gif"></td><td> 标题:JavaScript 课程</td>
</tr>
</table>
</div>
```

```
<! --lay1 begin-->
<div id="lay1" style="position:absolute;top:42px;visibility:visible">
<table cellspacing=0 cellpadding=0>
<tr>
<td><img id="lay1picture" src="add.gif"></td>
<td><img src="f1.gif"></td>
<td> <a href="JavaScript: moveSub(1)">第一章</a></td>
</tr>
</table>
</div>
<! --lay1 end-->
<! --lay1_sub begin-->
<div id="lay1Sub" style="position:absolute;top:0px;visibility:hidden">
<table cellspacing=0 cellpadding=0>
<tr>
<td height=16px><img src="line1.gif"></td>
<td><img src="line2.gif"></td>
<td><img src="f11.gif"></td><td> <ahref=" 1001.html" target="right" > 语言介绍
</a>
</td>
</tr>
<tr>
<td height="16px"><img src="line1.gif"></td>
<td><img src="line2. gif"></td>
<td><img src="f12.gif"></td>
<td> <a href="1002. html " target="right">语言基础</a></td>
</tr>
<tr>
<td height=16px><img src="line1.gif"></td>
<td><img src="line2. gif"></td>
<td><img src="f13.gif"></td><td> <a href="1003. html " target="right">对象讲解
</a>
</td>
</tr>
</table>
</div>
<! --lay1_sub end-->
```

```
<! --lay2 begin-->
<div id="lay2" style="position:absolute;top:64px">
<table cellspacing=0 cellpadding=0>
<tr>
<td><img id="lay2picture" src="add.gif"></td>
<td><img src="f2. gif "></td>
<td> <a href="JavaScript:moveSub(2)">第二章</a></td>
</tr>
</table>
</div>
<! --lay2 end-->
<div id="lay2Sub" style="position:absolute;top:0px;visibility: hidden">
<table cellspacing=0 cellpadding=0>
<tr>
<td height=16px><img src="line1.gif"></td>
<td><img src="line2. gif"></td>
<td><img src="f21.gif"></td>
<td> <a href="2001. html" target="right">显示星期</a>
</td>
</tr>
<tr>
<td height=16px><img src="line1.gif"></td>
<td><img src="line2. gif"></td>
<td><img src="f12.gif"></td>
<td> <a href="2002. html " target="right">显示日期</a></td>
</tr>
<tr>
<td height=16px><img src="line1.gif"></td>
<td><img src="line2. gif"></td>
<td><img src="f13.gif"></td>
<td> <a href="2003. html" target="right">图片动画</a>
</td>
</tr>
<tr>
<td height=16px><img src="line1.gif"></td>
<td><img src="line2. gif"></td>
<td><img src="f24.gif"></td>
```

```
<td> <a href="2004. html" target="right">样式对象</a>
</td>
</tr>
</table>
</div>
<! --lay3 begin-->
<div id="lay3" style="position:absolute;top:86px">
<table cellspacing=0 cellpadding=0>
<tr>
<td><img id="lay3picture" src="add.gif"></td>
<td><img src=" f12.gif"></td>
<td> <a href="JavaScript:moveSub(3)">第三章</a>
</td>
</tr>
</table>
</div>
<! --lay3_sub begin-->
<div id="lay3Sub" style="position:absolute;top:0px;visibility: hidden">
<table cellspacing=0 cellpadding=0>
<tr>
<td height=16px><img src="line1.gif"></td>
<td><img src="line2. gif"></td>
<td><img src="f21.gif"></td>
<td> <a href="3001. html" target="right">状态栏目</a>
</td>
</tr>
<tr>
<td height=16px><img src="line1.gif"></td>
<td><img src="line2. gif"></td>
<td><img src="f13.gif"></td>
<td> <a href="3002. html" target="right">标题栏目</a>
</td>
</tr>
</table>
</div>
<! --lay3_sub end-->
<! --lay4 begin-->
```

```
<div id="lay4" style="position:absolute;top:108px">
<table cellspacing="0" cellpadding="0">
<tr>
<td><img id="lay4picture" src="line3.gif"></td>
<td><img src="f4. gif"></td>
<td> <a href="8001.html" target="right">结束小结</a>
</td>
</tr>
</table>
</div>
<! --lay4 end-->
</div>
<! --lay end-->
</body>
</html>
```

6.重点代码分析

(1)在页面上显示树形目录内容时,其主选项所在层对象都设置为可见。例如,第 1 个主选项代码为

```
<div id="lay1" style="position:absolute;top:42px;visibility:visible">
<table cellspacing="0" cellpadding="0">
<tr>
<td><img id="lay1picture" src="add.gif"></td>
<td><img src="f1.gif"></td>
<td> <a href="JavaScript:moveSub(1)">第一章</a>
</td>
</tr>
</table>
</div>
```

(2)网页上的子选项,对应层对象的初始值都为隐藏。例如:

```
<! --lay1_sub begin-->
<div id="lay1Sub" style="position:absolute;top:0px;visibility:hidden">
```

(3)在脚本程序中,如果该主选项没有展开,则设置其子选项层对象为显示,并且子选项对应层对象 top,应该是单击前下一个选项对应层对象 top 值。即:

```
document.getElementById(clickDivSub).style.top=document.getElementById(belowDiv).style.top;
```

此时,下面各选项对应层对象的位置要向下移动,移动的距离为所展开子选项层对象的高度 clientHeight。也就是说,新的 top 为:原来 top+被单击选项的子选项对应层对象高度 clientHeight。即:

```
document.getElementById(belowDiv).style.top = parseInt(document.getElementById(belowDiv).style.top)+document.getElementById(clickDivSub).clientHeight
```

(4)如果该主选项已经展开,则设置其子选项层对象为隐藏,并且下面选项及其子选项对应层对象要向上移动。应该是没单击前对应层对象 top 值,减去隐藏子选项层对象的高度 clientHeight。即:

```
document.getElementById(belowDiv).style.top = parseInt(document.getElementById(belowDiv).style.top)-document.getElementById(clickDivSub).clientHeight
```

(5)最后一个选择项一定要单独处理,否则程序会出错。

8.1.2 任务拓展:使用表格设计多级树形目录

1.实例效果

在网页文档区域显示树形目录,如图 8-2 所示。

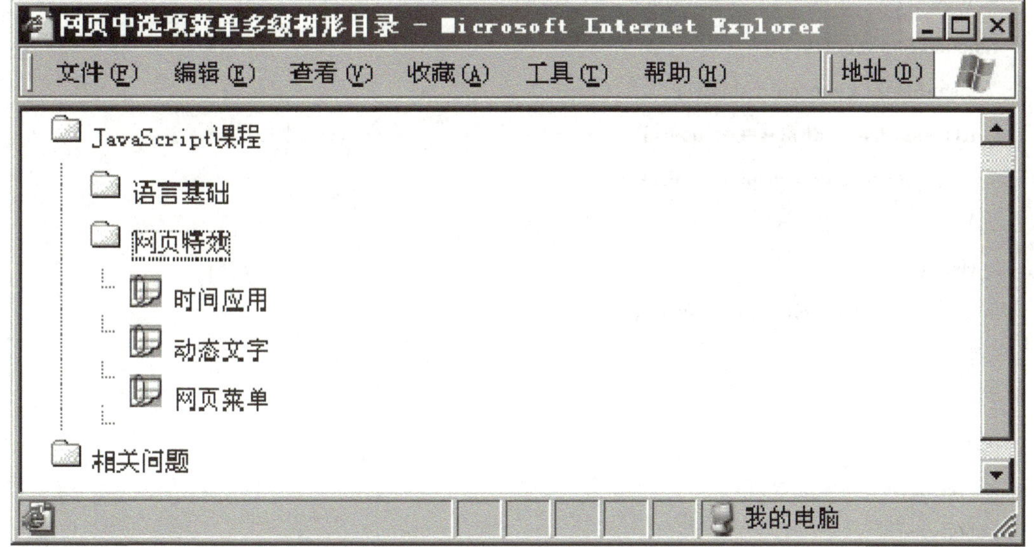

图 8-2　使用表格设计树形目录导航效果

2.任务要求

与上例类似,在网页文档区域显示一个由框架构成的三区域页面:横向上部为标题部分;下部左侧为显示目录页面,页中为二级树形目录菜单,单击主选项时展开下级选项菜单内容并可以链接进入,再次单击主选项时隐藏下级选项菜单;下部右侧用于显示具体链接内容页面。

3.程序设计思路

将各级树形目录内容放在表格内并控制单元格的显示或隐藏,实现目录的展开和收缩。

4.技术要点

(1)定义表格样式的 display 属性,控制其显示或隐藏。display 设置为 none,则单元格隐藏;为 block,则单元格显示。

(2)用 evel()函数实现对表达式的运算。如:menuId=evel("menu"+theId)

5.程序代码编写

```
<! DOCTYPE html>
<html>
<head>
<title>网页中选项菜单多级树形目录</title>
<META NAME="liyuncheng" CONTENT="Email:yunchengli@sina .com">
<style>
  td{text-align:left;font-size:9pt}
   a{text-decoration:none}
</style>
</head>
<Script Language="JavaScript">
<! --
function ShowSub(theId){
  menuId=eval("menu"+theId);
  if(menuId.style.display=="none")
  {       menuId.style.display="block";
  }
  else
  {       menuId.style.display="none";
  }
}
-->
</script >
<body>
<table>
<! --主目录 1-->
<tr>
  <td colspan=2><img src="foldericon.gif" width="16" height="16 ">
    <a href="javascript:ShowSub('0')">JavaScript 课程</a>
  </td>
</tr>
<! --主目录 1 下的 1 级子目录 1-->
<tr id="menu0" style="display:none">
  <td width="13px" background="line1.gif"></td>
    <! --缩进-->
  <td><table>
```

```
<!--2 级子目录 0_01-->
<tr>
<td colspan=2><img src="foldericon.gif" width="16" height="16">
<a href="javascript:ShowSub('0_01')">语言基础
</td>
</tr>
<tr id="menu0_01" style="display:none">
<!--缩进-->
<td width="13px" background="line2.gif">
</td>
<td>
<table>
<!--3 级子目录 0_01_01-->
<tr>
<td colspan=2><img src="fold.gif" width="16" height="16">
<a href="1101.htm" target="right">语言介绍
</td>
</tr>
<!--3 级子目录 0_01_02-->
<tr>
<td colspan=2><img src="fold.gif" width="16" height="16">
<a href="1102.htm" target="right">数据类型
</td>
</tr>
<!--3 级子目录 0_01_03-->
<tr>
<td colspan=2><img src="fold.gif" width="16" height="16" >
<a href="1103.htm" target="right">内置对象
</td>
</tr>
</table>
</td>
</tr>
<!--2 级子目录 0_02-->
<tr>
<td colspan=2><img src="foldericon.gif" width="16" height="16">
<a href="javascript:ShowSub('0_02')">网页特效
```

```
</td>
</tr>
<tr id="menu0_02" style="display:none">
<! --缩进-->
<td width="13px" background="line3.gif">
</td>
<td>
<table>
<! --3 级子目录 0_02_01-->
<tr>
<td colspan=2><img src="fold.gif" width="16" height="16">
<a href="1201.htm" target="right">时间应用
</td>
</tr>
<! --3 级子目录 0_02_02-->
<tr>
<td colspan=2><img src="fold.gif" width="16" height="16">
<a href="1202.htm" target="right">动态文字
</td>
</tr>
<! --3 级子目录 0_02_03-->
<tr>
<td colspan=2><img src="fold.gif" width="16" height="16">
<a href="1203.htm" target="right">网页菜单
</td>
</tr>
</table>
</td>
</tr>
</table>
</td>
</tr>
<! --主目录 2-->
<tr>
<td colspan=2><img src="foldericon.gif" width="16" height="16">
<a href="javascript:ShowSub('1')">相关问题</a>
</td>
```

```
</tr>
<! --主目录 2 下的 1 级子目录 1-->
<tr id="menu1" style="display:none">
<! --缩进-->
<td width="13px" background="line3.gif">
</td>
<td>
<table>
<! --2 级子目录 1_01-->
<tr>
<td colspan=2><img src="fold.gif" width="16" height="16">
<a href="2101.htm" target="right">客户端应用
</td>
</tr>
<! --2 级子目录 1_02-->
<tr>
<td colspan=2><img src="fold.gif" width="16" height="16">
<a href="2102.htm" target="right">服务器端应用
</td>
</tr>
</table>
</td>
</tr>
</table>
</body>
</html>
```

8.2 利用 CSS 和 JavaScript 技术设计动态菜单

8.2.1 伸缩菜单

1.实例效果

网页文档区中显示伸缩菜单效果。如图 8-3 所示。

2.任务要求

在页面文档区中，当鼠标单击带有向右指向箭头选项时伸开选项；当单击带有向下指向箭头选项时缩回选项。当鼠标指向伸开选项时选项深色显示，同时还有一个向右指向的

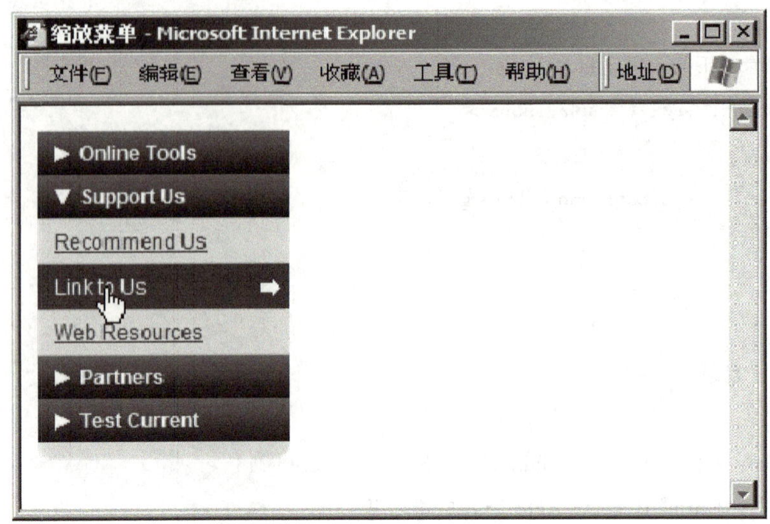

图 8-3　伸缩菜单效果

箭头。

3.程序设计思路

通过利用 CSS 技术来设置菜单各个选项及其显示效果。对菜单的伸缩处理利用面向对象编程设置其属性和方法，控制选项的伸展和收缩。

4.技术要点

(1)在文档区域使用层对象作为容器来嵌入块对象，显示各个选项，通过设置其属性控制显示或隐藏。这里要注意定义相应标记的 class 属性。

(2)定义 CSS 对各级属性进行设置。所用到的属性包括 width、height、overflow、background-image、display、padding、font-weight、color、background、cursor、border-bottom 等。例如：

```
display: block;
padding: 5px 25px;
font-weight: bold;
color: white;
background: url(expanded.gif) no-repeat 10px center;
cursor: default;
border-bottom: 1px solid #000DDD;
```

(3)利用面向对象编程进行 JS 文件设计。先定义一个对象 SDMenu()初始化一些属性，然后为对象添加必要的方法。包括为对象添加 init()方法以允许鼠标单击某项进行缩放设置；为对象添加 toggleMenu()方法以识别所选择的内容；为对象添加 collapseMenu()方法以设置菜单缩回；为对象添加 collapseOthers()方法以设置缩回其他对象；为对象添加 expandAll()方法以伸开所有选项；为对象添加 collapseAll()方法以缩回所有选项；为对象添加 memorize()方法以记住前面的选择等。

5.程序代码编写

(1)html 文件

```
<! DOCTYPE html>
<html xmlns="http://www.w3.org/1999/xhtml">
<head>
<title>缩放菜单</title>
<meta http-equiv="Content-Type" content="text/html; charset=gb2312" />
<META NAME="liyuncheng" CONTENT="Email:yunchengli@sina.com">
<link rel="stylesheet" type="text/css" href="sdmenu/sdmenu.css" />
<script type="text/javascript" src="sdmenu/sdmenu.js">
</script>
<script type="text/JavaScript">
<! --
var myMenu;
window.onload=function(){
  myMenu=new SDMenu("my_menu");
  myMenu.init();
};
-->
</script >
</head>
<body>
<! -- 定义页面所显示的内容 -->
<div style="float: left" id="my_menu" class="sdmenu">
  <div>
    <span>Online Tools
    </span>
    <a href="http://">Image Optimizer</a>
    <a href="http://">FavIcon Generator</a>
    <a href="http://">Email Ridder</a>
    <a href="http://">htaccess Password</a>
    <a href="http://">Gradient Image</a>
    <a href="http://">Button Maker</a>
  </div>
  <div>
```

```
 <span>Support Us
</span>
<a href="http://"> RecommendUs</a>
<a href="http://">Link to Us</a>
<a href="http://">Web Resources</a>
</div>
<div class="collapsed">
  <span>Partners
  </span>
<a href="http://">JavaScript Kit</a>
<a href="http://">CSS Drive</a>
<a href="http://">CodingForums</a>
<a href="http://">CSS Examples</a>
</div>
<div>
  <span>Test Current
  </span>
<a href="? foo=bar">Current or not</a>
<a href="./">Current or not</a>
<a href="index.html">Current or not</a>
<a href="index.html? query">Current or not</a>
</div>
</div>
<div style="padding-left: 200px">
  <pre> </pre>
</div>
</body>
</html>
```

(2)CSS 代码

```
div.sdmenu {
    width: 150px;
    font-family: Arial, sans-serif;
    font-size: 12px;
    padding-bottom: 10px;
    background: url(bottom.gif)no-repeat right bottom;
    color: #000FFF;
}
```

```
div.sdmenu div {
    background: url(title.gif) repeat-x;
    overflow: hidden;
}
div.sdmenu div:first-child {
    background: url(toptitle.gif) no-repeat;
}
div.sdmenu div.collapsed {
    height: 25px;
}
div.sdmenu div span {
    display: block;
    padding: 5px 25px;
    font-weight: bold;
    color: white;
    background: url(expanded.gif) no-repeat 10px center;
    cursor: default;
    border-bottom: 1px solid #000DDD;
}
div.sdmenu div.collapsed span {
    background-image: url(collapsed.gif);
}
div.sdmenu div a {
    padding: 5px 10px;
    background: #000EEE;
    display: block;
    border-bottom: 1px solid #000DDD;
    color: #000066;
}
div.sdmenu div a.current {
    background : #000CCC;
}
div.sdmenu div a:hover {
    background: #000066 url(linkarrow.gif) no-repeat right center;
    color: #000FFF;
    text-decoration: none;
}
```

(3)sdmenu.js

```
//面向对象编程代码
//先定义一个对象 SDMenu(),初始化一些属性
function SDMenu(id)
{
    if(! document.getElementById ||! document.getElementsByTagName)
        return false;
    this.menu=document.getElementById(id);
    this.submenus=this.menu.getElementsByTagName("div");
    this.remember=true;
    this.speed=3;
    this.markCurrent=true;
    this.oneSmOnly=false;
}
//为对象添加 init()方法以允许鼠标单击某项进行缩放设置
SDMenu.prototype.init=function(){
    var mainInstance=this;
    for(var i=0; i<this.submenus.length; i++)
      //调用鼠标 onclick 事件
      this.submenus[i].getElementsByTagName("span")[0].onclick=function(){
          mainInstance.toggleMenu(this.parentNode);
      };
    if(this.markCurrent)
      {var links=this.menu.getElementsByTagName("a");
      for(var i=0; i<links.length; i++)
       if(links[i].href==document.location.href)
          {links[i].className="current";
          break;
          }
      }
    if(this.remember)
      {var regex=new RegExp("sdmenu_"+encodeURIComponent(this.menu.id)+"=([01]+)");
      var match=regex.exec(document.cookie);
      if(match)
          {var states=match[1].split("");
          for(var i=0; i<states.length; i++)
```

```
            this.submenus[i].className=(states[i]==0 ? "collapsed" : "");
        }
    }
};
//为对象添加 toggleMenu()方法以识别所选择的内容
SDMenu.prototype.toggleMenu=function(submenu){
    if(submenu.className=="collapsed")
        this.expandMenu(submenu);
    else
        this.collapseMenu(submenu);
};
//为对象添加 expandMenu()方法以设置菜单伸开
SDMenu.prototype.expandMenu=function(submenu){
    var fullHeight=submenu.getElementsByTagName("span")[0]. offsetHeight;
    var links=submenu.getElementsByTagName("a");
    for(var i=0; i<links.length; i++)
        fullHeight+=links[i].offsetHeight;
    var moveBy=Math.round(this.speed * links.length);
    var mainInstance=this;
    var intId=setInterval(function(){
        var curHeight=submenu.offsetHeight;
        var newHeight=curHeight+moveBy;
        if(newHeight<fullHeight)
            submenu.style.height=newHeight+"px";
        else {
            clearInterval(intId);
            submenu.style.height="";
            submenu.className="";
            mainInstance.memorize();
        }
    }, 30);
    this.collapseOthers(submenu);
};
//为对象添加 collapseMenu()方法以设置菜单缩回
SDMenu.prototype.collapseMenu=function(submenu){
    var minHeight=submenu.getElementsByTagName("span")[0]. offsetHeight;
    var moveBy=Math.round(this.speed * submenu. getElementsByTagName("a").length);
```

```
    var mainInstance=this;
    var intId=setInterval(function(){
        var curHeight=submenu.offsetHeight;
        var newHeight=curHeight - moveBy;
        if(newHeight >minHeight)
                submenu.style.height=newHeight+"px";
        else {
                clearInterval(intId);
                submenu.style.height="";
                submenu.className="collapsed";
                mainInstance.memorize();
                }
        }, 30);
    };
//为对象添加 collapseOthers()方法以设置缩回其他对象
SDMenu.prototype.collapseOthers=function(submenu){
    if(this.oneSmOnly)
        {for(var i=0; i<this.submenus.length; i++)
                if(this.submenus[i]! =submenu && this.submenus [i] . className! ="collapsed")
                  this.collapseMenu(this.submenus[i]);
        }
    };
//为对象添加 expandAll()方法以伸开所有选项
SDMenu.prototype.expandAll=function(){
    var oldOneSmOnly=this.oneSmOnly;
    this.oneSmOnly=false;
    for(var i=0; i<this.submenus.length; i++)
        if(this.submenus[i].className=="collapsed")
                this.expandMenu(this.submenus[i]);
        this.oneSmOnly=oldOneSmOnly;
    };
//为对象添加 collapseAll()方法以缩回所有选项
SDMenu.prototype.collapseAll=function(){
    for(var i=0; i<this.submenus.length; i++)
        if(this.submenus[i].className! ="collapsed")
        this.collapseMenu(this.submenus[i]);
    };
```

```
//为对象添加 memorize()方法以记住前面的选择
SDMenu.prototype.memorize=function(){
    if(this.remember)
    {   var states=new Array();
        for(var i=0; i<this.submenus.length; i++)
        states.push(this.submenus[i].className=="collapsed" ? 0 : 1);
        var d=new Date();
        d.setTime(d.getTime()+(30 * 24 * 60 * 60 * 1000));
        document.cookie="sdmenu_"+encodeURIComponent(this.menu.id)+"="
        +states.join("")+"; expires="+d.toGMTString()+"; path=/";
    }
};
```

6.重点代码分析

在主程序中使用特别形式，对 JS 文件进行调用如下：

```
window.onload=function(){
    myMenu=new SDMenu("my_menu");
    myMenu.init();
};
```

8.2.2　设计弹出菜单

1.实例效果

网页文档区中鼠标指向链接时会弹出菜单效果。如图 8-4 所示。

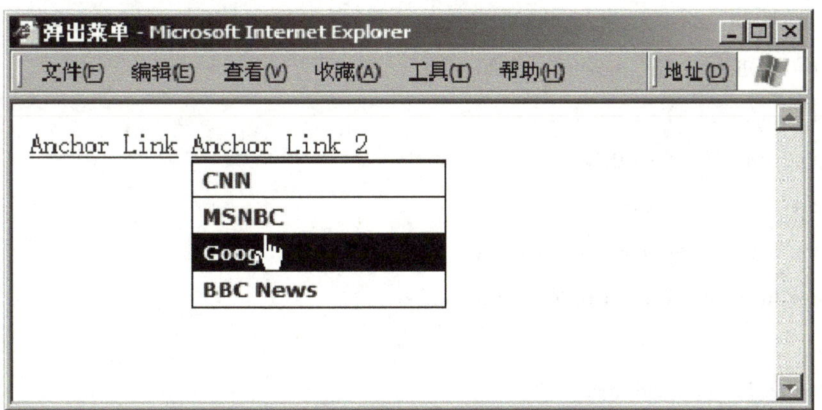

图 8-4　弹出菜单

2.任务要求

在页面文档区中，当鼠标指向特定链接 Anchor Lind 和 Anchor Link 2 时弹出相应的菜单选项，鼠标指向选项时选项上呈现黑色的条，同时可以单击选中相应链接。当鼠标离开特定链接时弹出菜单消失。

3.程序设计思路

通过利用 CSS 技术来设置菜单各个选项及其显示效果。对弹出菜单的处理利用 JS 文件编程设置其属性和方法,控制选项的弹出和消失。

4.技术要点

(1)在页面上链接地方设置使用事件调用相应函数

```
<a href="http://www.dynamicdrive.com" onClick="return clickreturnvalue()" onMouseOver="dropdownmenu(this, event, 'anylinkmenu1')">Anchor Link</a>
```

(2)弹出菜单设置函数

```
function getposOffset(what, offsettype){ }
```

5.程序代码编写

(1)html 文件

```
<! DOCTYPE html>
<html>
<head>
<META NAME="liyuncheng" CONTENT="Email:yunchengli@sina.com">
<link rel="stylesheet" type="text/css" href="anylink.css" />
<script type="text/javascript" src="anylink.js">
</script>
</head>
<body>
<! --1st anchor link and menu 通过使用事件 onClick、onMouseover 来调用相应函数 clickreturnvalue()、dropdownmenu(this, event, "anylinkmenu1")实现任务-->
<a href="http://" onClick="return clickreturnvalue()" onMouseOver="dropdownmenu(this, event, 'anylinkmenu1')">Anchor Link</a>
<div id="anylinkmenu1" class="anylinkcss">
<a href="http://">Dynamic Drive</a>
<a href="http://">CSS Drive</a>
<a href="http://">JavaScript Kit</a>
<a href="http://">Coding Forums</a>
<a href="http://">JavaScript Reference</a>
</div>
<! --2nd anchor link and menu -->
<a href="http://" onClick="return clickreturnvalue()"
onMouseover="dropdownmenu(this, event, 'anylinkmenu2')">Anchor Link 2</a>
<div id="anylinkmenu2" class="anylinkcss"
style="width: 150px; background-color: lightyellow">
```

```
<a href="http://www.cnn.com/">CNN</a>
<a href="http://www.msnbc.com">MSNBC</a>
<a href="http://www.google.com">Google</a>
<a href="http://news.bbc.co.uk">BBC News</a>
</div>
</body>
</html>
```

(2)anylink .css 文件

```
.anylinkcss{
    position:absolute;
    visibility: hidden;
    border:1px solid black;
    border-bottom-width: 0;
    font:normal 12px Verdana;
    line-height: 18px;
    z-index: 100;
    background-color: #E9FECB;
    width: 205px;
}
.anylinkcss a{
    width: 100%;
    display: block;
    text-indent: 3px;
    border-bottom: 1px solid black;
    padding: 1px 0;
    text-decoration: none;
    font-weight: bold;
    text-indent: 5px;
}
.anylinkcss a:hover{ //鼠标指向选项时选项上呈现黑色的条
    background-color: black;
    color: white;
}
```

(3)anylink.js 文件

```
var disappeardelay=250 //菜单消失持续的时间 onMouseout(时间单位是毫秒)
var enableanchorlink=0 //单击时显示 or 消失菜单(1=显示, 0=消失)
```

```
var hidemenu_onclick=1 //用户在菜单内单击时菜单消失(1=消失，0=不消失)
var ie5=document.all
var ns6=document.getElementById&&! document.all
//弹出菜单设置函数
function getposOffset(what, offsettype)
{
    var totaloffset=(offsettype=="left")? what.offsetLeft: what.offsetTop;
    var parentEl=what.offsetParent;
    while(parentEl! =null)
    {       totaloffset=(offsettype=="left")? totaloffset+parentEl.offsetLeft: totaloffset+parentEl.off-
            setTop;
            parentEl=parentEl.offsetParent;
    }
return totaloffset;
}
//菜单隐藏设置函数
function showhide(obj, e, visible, hidden)
{
    if(ie5||ns6)
        dropmenuobj.style.left=dropmenuobj.style.top=-500;
    if(e.type=="click" && obj.visibility==hidden || e.type=="mouseover")
        obj.visibility=visible;
    else if(e.type=="click")
        obj.visibility=hidden;
}
//浏览器设置函数
function iecompattest()
{
    return(document.compatMode && document.compatMode! =" BackCompat ")? document.
    documentElement: document.body
}
//清除菜单边缘设置函数
function clearbrowseredge(obj, whichedge)
{
    var edgeoffset=0;
    if(whichedge=="rightedge")
```

```
    { var windowedge=ie5 &&! window.opera? iecompattest().scrollLeft+iecompattest().clientWidth
    -15 : window.pageXOffset+window.innerWidth-15
    dropmenuobj.contentmeasure=dropmenuobj.offsetWidth;
    if(windowedge-dropmenuobj.x <dropmenuobj.contentmeasure)
      edgeoffset=dropmenuobj.contentmeasure-obj.offsetWidth;
    }
else{
    var topedge=ie5 &&! window.opera? iecompattest().scrollTop : window.pageYOffset
    var windowedge=ie5 &&! window.opera? iecompattest().scrollTop+iecompattest().clientHeight
    -15 : window.pageYOffset+window.innerHeight -18;
    dropmenuobj.contentmeasure=dropmenuobj.offsetHeight;
    if(windowedge-dropmenuobj.y <dropmenuobj.contentmeasure)
    {   //move up?
        edgeoffset=dropmenuobj.contentmeasure+obj.offsetHeight;
        if((dropmenuobj.y-topedge)<dropmenuobj.contentmeasure)
        //up no good either?
        edgeoffset=dropmenuobj.y+obj.offsetHeight-topedge;
    }
  }
return edgeoffset
}
//弹出下拉菜单函数
function dropdownmenu(obj, e, dropmenuID)
{
    if(window.event)
        event.cancelBubble=true;
    else if(e.stopPropagation)e.stopPropagation()
        if(typeof dropmenuobj! ="undefined")            //隐藏上一个菜单
            dropmenuobj.style.visibility="hidden";
            clearhidemenu();
    if(ie5||ns6)
   {    obj.onmouseout=delayhidemenu;
        dropmenuobj=document.getElementById(dropmenuID);
        if(hidemenu_onclick)
        dropmenuobj.onclick=function(){dropmenuobj.style.visibility="hidden";
    }
        dropmenuobj.onmouseover=clearhidemenu;
```

```
            dropmenuobj.onmouseout=ie5? function(){ dynamichide(event)} : function(event)
            { dynamichide(event)}
            showhide(dropmenuobj.style, e, "visible", "hidden");
            dropmenuobj.x=getposOffset(obj, "left");
            dropmenuobj.y=getposOffset(obj, "top");
            dropmenuobj.style.left=dropmenuobj.x-clearbrowseredge(obj,"rightedge ")+"px";
            dropmenuobj.style.top=dropmenuobj.y-clearbrowseredge(obj, " bottomedge ")+
                                obj.offsetHeight+"px";
        }
    return clickreturnvalue();
    }
    //单击选项记录
    function clickreturnvalue()
    {
        if((ie5||ns6)&&! enableanchorlink)
            return false;
        else
            return true;
    }
    //
    function contains_ns6(a, b)
    {
        while(b.parentNode)
            if((b=b.parentNode)==a)
              return true;
              return false;
    }
    //动态隐藏函数
    function dynamichide(e)
    {
        if(ie5&&! dropmenuobj.contains(e.toElement))
            delayhidemenu();
        else if(ns6&&e.currentTarget! =e.relatedTarget&&! contains_ns6(e.currentTarget,
              e.relatedTarget))
              delayhidemenu();
    }
```

```
//延时隐藏菜单函数
function delayhidemenu()
{
delayhide=setTimeout("dropmenuobj.style.visibility='hidden'",disappeardelay);
}
//清除隐藏菜单函数
function clearhidemenu()
{
if(typeof delayhide! ="undefined")
    clearTimeout(delayhide);
}
```

8.3 页面移动菜单

8.3.1 浮在页面可移动的导航菜单

1.实例效果

页面上显示一个浮动的可移动的导航菜单。如图 8-5 所示。

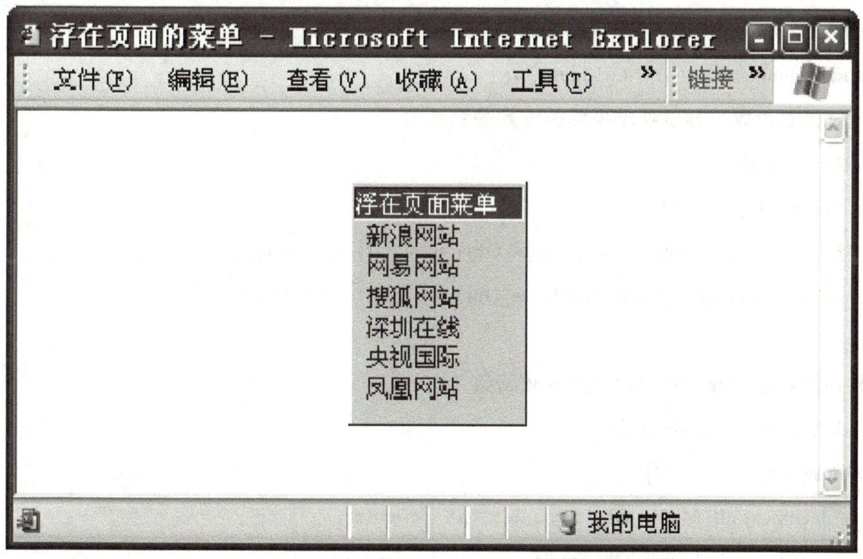

图 8-5　浮在页面可移动的导航菜单效果

2.任务要求

在页面显示可以移动的导航菜单,上部有一个蓝色区域显示菜单名称,下部显示菜单各个选项。当鼠标指向蓝色区域按住左键时可以拖动菜单,当鼠标指向各个选项并单击左键时能够链接到相应页面。

3.程序设计思路

在页面使用层对象显示导航菜单及其内容，按下鼠标左键并测试指针坐标，使得导航菜单的位置跟着鼠标指针移动，达到拖动菜单的效果。

4.技术要点

在页面上利用鼠标事件 event.x 属性确定鼠标指针的坐标位置，将其与导航菜单的位置坐标相联系。另外，还要利用页面上的鼠标事件 onMouseOver，当鼠标指向导航菜单按下鼠标左键并移动时，导航菜单坐标跟着改变。

5.程序代码编写

```
<! DOCTYPE html>
<html>
<head>
<title>浮在页面的菜单</title>
<meta http-equiv="Content-Type" content="text/html; charset=gb2312">
<META NAME="liyuncheng" CONTENT="Email:yunchengli@sina.com">
</head>
<body>
<script >
  var Mouse_Obj="none";
  var pX
  var pY
  document.onmousemove=D_NewMouseMove;
  document.onmouseup=D_NewMouseUp;
  //测试鼠标位置与导航菜单坐标的位置关系函数
  function m(c_Obj){
       Mouse_Obj=c_Obj;
       pX=parseInt(document.all(Mouse_Obj).style.left)-event.x;
       pY=parseInt(document.all(Mouse_Obj).style.top)-event.y;
  }
  //拖动鼠标移动导航菜单的位置变化函数
  function D_NewMouseMove(){
  if(Mouse_Obj! ="none")
  {     document.all(Mouse_Obj).style.left=pX+event.x;
        document.all(Mouse_Obj).style.top=pY+event.y;
        event.returnValue=false;
  }
}
```

```
//拖动后放开鼠标控制函数
function D_NewMouseUp(){
    if(Mouse_Obj! ="none")
    { Mouse_Obj="none";}
    }
    </script>
    <style>.up {border-right: #711200 1px solid; padding-right: 1px; border-top: white 1px solid; padding-left: 1px; font-size: 9pt; padding-bottom: 1px; border-left: white 1px solid; color: #FF0000; padding-top: 1px; border-bottom: #711200 1px solid; font-family: tahoma; background-color: #EADFD0
}
.down {border-right: #FFFFFF 1px solid; border-top: #711200 1px solid; font-size: 9pt; border-left: #711200 1px solid; cursor: hand; color: #FFFFFF; border-bottom: #FFFFFF 1px solid; font-family: tahoma; background-color: #336699
}
a:link {color: #711200; text-decoration: none
}
a:visited {color: #711200; text-decoration: none
}
a:hover {color: blue; text-decoration: underline
}
</style>
<div class=up id=hello style="; left: expression((document.body. clientWidth-80)/2); width: 90px; position: absolute; top: expression((document.body.clientHeight-120)/2); height: 120px">
<div class=down onmousedown='m("hello")'>浮在页面上的菜单</div>
<div style="padding-left: 5pt"><a href="http://www.sina.com/"
target=_"blank">新浪网站</a></div>
<div style="padding-left: 5pt"><a href="http://www.163.com/"
target=_"blank">网易网站</a></div>
<div style="padding-left: 5pt"><a href="http://www.sohu.com/"
target=_"blank">搜狐网站</a></div>
<div style="padding-left: 5pt"><a href="http://www.szonline.net/"
target=_"blank">深圳在线</a></div>
<div style="padding-left: 5pt"><a href="http://www.cctv.com/"
target=_"blank">央视国际</a></div>
<div style="padding-left: 5pt"><a href="http://www.ifeng/"
target=_"blank">凤凰网站</a></div>
</div>
</body>
</html>
```

8.3.2 浮在页面可移动和显示/隐藏的导航菜单

1.实例效果

页面上显示一个浮在页面的可移动和显示/隐藏的导航菜单。如图 8-6 所示。

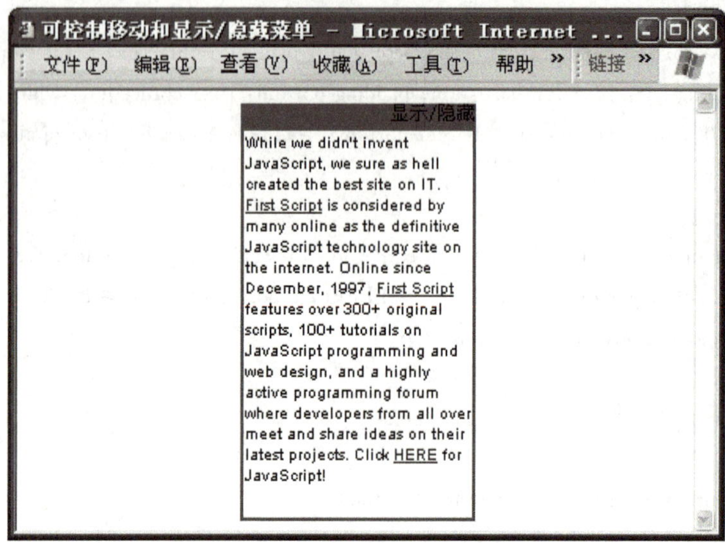

图 8-6　浮在页面可移动和显示/隐藏的导航菜单效果

2.任务要求

在页面上显示可以移动的导航菜单，菜单上部有一个绿色区域显示菜单名称，下部显示菜单内容。当鼠标指向绿色区域并按住左键时可以拖动菜单，且单击鼠标后将会显示/隐藏。当鼠标指向内容链接选项并单击左键时能够链接到相应页面。

3.程序设计思路

首先在页面通过层对象显示菜单及其内容，利用样式表定义菜单和指向区域鼠标的属性。当鼠标指向特定区域时，测试若按下鼠标左键发生，则让该菜单坐标与鼠标坐标联系起来并跟着改变。而菜单显示/隐藏则涉及其 CSS 中 style.display 属性的值。

4.技术要点

定义菜单移动函数 movescontentmain()，当鼠标指向绿色标题栏区域，按下左键并移动时层菜单的坐标跟着鼠标移动，即 zcor.style.pixelLeft＝tempvar1＋event.clientX－xcor。当定义菜单显示/隐藏时，用到其 style.display 属性并对其进行动态设置。

5.程序代码编写

```
<! DOCTYPE html>
<html>
<head>
  <title>可控制移动和显示/隐藏菜单</title>
  <META NAME="liyuncheng" CONTENT="Email:yunchengli@sina.com">
</head>
```

```
<body>
<style>
<! --
.drag{position:relative;cursor:hand
}
#scontentmain{
      position:absolute;
      width:150px;
}
#scontentbar{
      cursor:hand;
      position:absolute;
      background-color:green;
      height:15;
      width:100%;
      top:0;
      font:9pt;
}
#scontentsub{
      position:absolute;
      width:100%;
      top:15;
      background-color:lightyellow;
      border:2px solid green;
      padding:1.5px;
}
-->
</style>
<script language="JavaScript1.2">
<! --
var dragapproved=false
var zcor,xcor,ycor
//移动菜单函数
function movescontentmain(){
 if(event.button==1&&dragapproved){
```

```
            zcor.style.pixelLeft=tempvar1+event.clientX-xcor
            zcor.style.pixelTop=tempvar2+event.clientY-ycor
            leftpos=document.all.scontentmain.style.pixelLeft-document.body.scrollLeft
            toppos=document.all.scontentmain.style.pixelTop-document.body.scrollTop
            return false
        }
    }
    //拖动菜单函数
    function dragscontentmain(){
        if(! document.all)
            return
        if(event.srcElement.id=="scontentbar"){
            dragapproved=true
            zcor=scontentmain
            tempvar1=zcor.style.pixelLeft
            tempvar2=zcor.style.pixelTop
            xcor=event.clientX
            ycor=event.clientY
            document.onmousemove=movescontentmain
        }
    }
    document.onmousedown=dragscontentmain
    document.onmouseup=new Function("dragapproved=false")
    -->
    </script>
    <div id="scontentmain">
     <div id="scontentbar" onClick="onoffdisplay()" align="right">
      <span size=1>显示/隐藏</span>
     </div>
     <div id="scontentsub">
     <font face="Arial"><small><small>While we didn't invent JavaScript, we sure as hell created the best site on IT.
     <a href="http://www.sina.com" > First Script</a> is considered by many online as the definitive JavaScript technology site on the internet. Online since December, 1997.
     <a href="http://www.sina.com">First Script</a> features over 300+original scripts, 100+
```

```
tutorials on JavaScript programming and web design, and a highly active programming forum where
developers from all over meet and share ideas on their latest projects. Click<b>
<a href="http://www.sina.com"> HERE</a></b>for JavaScript! </small></small>
</font></p>
  </div>
</div>
<script language="JavaScript1.2">
var w=document.body.clientWidth-195
var h=50
////Do not edit pass this line///////////
w+=document.body.scrollLeft
h+=document.body.scrollTop
var leftpos=w
var toppos=h
scontentmain.style.left=w
scontentmain.style.top=h
//显示/隐藏菜单内容函数
function onoffdisplay(){
 if(scontentsub.style.display=="")
     scontentsub.style.display="none"
 else
     scontentsub.style.display=""
}
//菜单呈现时位置函数
function staticize(){
    w2=document.body.scrollLeft+leftpos
    h2=document.body.scrollTop+toppos
    scontentmain.style.left=w2
    scontentmain.style.top=h2
}
window.onscroll=staticize
</script>
</body>
</html>
```

8.4 推拉式导航菜单

本例在 JavaScript 编程中，利用了对象构造器技术，实现对菜单的推拉显示和隐藏的定位，动态地控制导航菜单的推拉效果。

8.4.1 单击推拉式导航菜单

1.实例效果

在浏览器文档区域中动态显示推拉式导航菜单。如图 8-7 所示。

图 8-7 推拉式导航菜单

2.任务要求

在网页文档区域左侧显示推拉式导航菜单效果。鼠标单击名称 MENU 时菜单伸出来，允许选择某个选项链接到相应页面，鼠标再次单击名称 MENU，则菜单收缩回去。

3.程序设计思路

关于推拉式导航菜单问题，其核心是确定菜单的位置坐标，通过单击事件改变和控制其横向位置坐标。起初是缩在左侧，用鼠标单击后将会使菜单的横坐标不断增加，即向右移动使其内容呈现出来，然后再次单击将会使菜单的横坐标不断减小，即向左移动使其内容缩进。

4.制作要点

利用面向对象的编程，定义对象构造器函数 makeMenu(obj,nest)，以及菜单缩进函数 mIn()和移出函数 mOut()。然后，通过获得 makeMenu()对象实例 oMenu＝new makeMenu("divMenu")，来确定导航菜单的位置坐标，例如 oMenu.css.left＝－oMenu.width＋lshow。

5.程序代码编写

```
<! DOCTYPE html>
<html>
<head>
<style>
  # divMenu {font-family:arial,helvetica; font-size:12pt; font-weight:bold}
  # divMenu a{text-decoration:none;}
  # divMenu a:hover{color:red;}
</style>
<script language="JavaScript1.2">
//浏览器类型检查
ie=document.all? 1:0
n=document.layers? 1:0
ns6=document.getElementById&&! document.all? 1:0
//设置一些必要的变量
//处于输出状态时,有多少层是不可见的
lshow=60;
//移动一步的 px 数量
var move=10;
//定时器刷新时间间隔
menuSpeed=40;
//有滚动条时移动菜单
var moveOnScroll=true;
/*******************************************
****************************************
You should't have to change anything below this.
*******************************************
****************************************/
//定义变量
var ltop;
var tim=0;
//对象构造器定义
function makeMenu(obj,nest)
{
    nest=(! nest)?"":"document."+nest+"."
    if(n)
        this.css=eval(nest+"document."+obj);
```

```
    else if(ns6)
            this.css=document.getElementById(obj).style;
    else if(ie)
            this.css=eval(obj+".style");
    this.state=1;
    this.go=0;
    if(n)
            this.width=this.css.document.width;
    else if(ns6)
            this.width=document.getElementById(obj).offsetWidth;
    else if(ie)
            this.width=eval(obj+".offsetWidth");
    this.left=b_getleft;
    this.obj=obj+"Object";
    eval(this.obj+"=this");
}
//获取 left 位置
function b_getleft()
{
    if(n||ns6)
            { gleft=parseInt(this.css.left);
            }
    else if(ie)
            { gleft=eval(this.css.pixelLeft);
            }
    return gleft;
}
//定义菜单移动函数
function moveMenu()
{
    if(! oMenu.state)
            { clearTimeout(tim);
            mIn();
            }
    else{
            clearTimeout(tim);
            mOut();
```

```
        }
}
//菜单缩进
function mIn()
{       if(oMenu.left()>-oMenu.width+lshow)
        {       oMenu.go=1;
                oMenu.css.left=oMenu.left()-move;
                tim=setTimeout("mIn()",menuSpeed);
        }
        else{
              oMenu.go=0;
              oMenu.state=1;
        }
}
//菜单伸出
function mOut()
{       if(oMenu.left()<0)
        {       oMenu.go=1;
                oMenu.css.left=oMenu.left()+move;
                tim=setTimeout("mOut()",menuSpeed);
        }
        else{       oMenu.go=0;
                    oMenu.state=0;
        }
}
//检查页面是否有滚动条
function checkScrolled()
{    if(! oMenu.go)
          oMenu.css.top=eval(scrolled)+parseInt(ltop);
     if(n||ns6)
     setTimeout("checkScrolled()",30);
}
/***************************************************************************
Inits the page, makes the menu object, moves it to the right place,
show it
  ***************************************************************************/
```

```
function menuInit()
{ oMenu=new makeMenu("divMenu")//获得 makeMenu()对象实例
  if(n||ns6)
    scrolled="window.pageYOffset";
  else if(ie)
    scrolled="document.body.scrollTop";
  oMenu.css.left=-oMenu.width+lshow;
  if(n||ns6)
    ltop=oMenu.css.top;
  else if(ie)
    ltop=oMenu.css.pixelTop;
  oMenu.css.visibility="visible";
  if(moveOnScroll)
  ie? window.onscroll=checkScrolled:checkScrolled();
}
//在加载页初始化 menu
window.onload=menuInit;
</script>
</head>
<body>
<div id="divMenu" style="position:absolute; top:150; left:30; visibility:hidden; background-color:
F0F0F0">
<nobr>
<a href="http://www.sina.com">Dynamic Drive</a> -
<a href="http://www.sina.com">WA Help Forum</a> -
<a href="http://active-x.com/">Active-X.com</a> -
<a href="javascript://" onclick="moveMenu()" style="background-color:yellow; text-decoration:
none">MENU</a>
</nobr>
</div>
</body>
</html>
```

8.4.2 指向推拉式浮动导航菜单

1.实例效果

在网页文档区域显示浮动导航菜单，当鼠标指向时菜单伸出来，选择选项后或鼠标移开则菜单收缩回去。如图 8-8 所示。

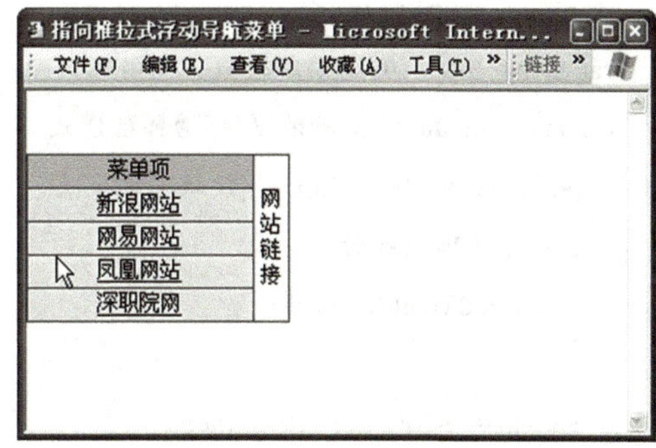

图 8-8　指向推拉式导航菜单

2.任务要求

在网页文档区域左侧显示推拉式导航菜单效果。当鼠标指向菜单项时菜单伸出来，选择某个选项链接到相应页面或鼠标移开则菜单收缩回去。

3.程序设计思路

首先想到要用层，并调用鼠标事件 onMouseOver 和 onMouseOut。

然后动态地控制层的显示位置。鼠标指向时弹出，横坐标右移，不断增大，到达位置将其显示出来。鼠标离开菜单时收缩，横坐标不断减小，最后为负值。

4.技术要点

(1)使用对象的 pixeLeft 属性，获取该对象的位置，其返回值为数值型。

(2)left 属性是字符型，通常需要用 parseInt()方法将其转换为整型数。可以利用获取表达式 x 类型的 typeof(x)方法来查验。

5.程序代码编写

```
<! DOCTYPE html>
<html>
<head>
<meta http-equiv="content-type" content="text/html;charset=gb2312">
<MEAT NAME="Liyuncheng" CONTENT="Email:yunchengli@sina.com">
<title>指向推拉式浮动导航菜单</title>
<style>
td {font-size:14;font-family:"宋体";color:black;text-align:center
}
  a{color:black;
  }
</style>
</head>
<script language="JavaScript">
<! --
var menu_width=150;//菜单宽度
```

```
var show_width=20;
var menu_top=40;//菜单垂直方向坐标
var move_mode="smooth";//平滑移动模式
//var move_mode="skip";//跳跃移动模式
//添加菜单前面部分
function addMenuHeader()
{
  content="<div id='float_menu'";
  content+="style='position:absolute;left:0;top:"+menu_top+";";
  content+="z_index:50;width:"+eval(menu_width+20+2)+"'";
  content+=" onmouseover='moveOut()' onmouseout='moveBack()'>";
  content+="<table width='100%' cellpadding='0' cellspacing='1' bgcolor='#555555'>";
  content+="<tr height='20'>";
  content+="<td bgcolor='#CCCCCC' width='"+menu_width+"'>";
  content+="菜单项</td>";
  content+="<td bgcolor='#FFFFCC' rowspan=50 width='"+eval(show_width+2)+"'>";
  content+="网<br>站<br>链<br>接";
  content+="</td></tr>";
  document.write(content);
}
//添加菜单下部内容
function addMenuFoot()
{
  content="</table></div>";
  document.write(content);
}
//添加菜单项
function addItem(text,url,target)
{
   if(! target||target=="")
   {target="_blank";
   }
   content="<tr height='20px'><td bgcolor='#EEEEFF'>";
   content+="<a href='"+url+"' target='"+target+"'>"+text;
   content+="</a></td></tr>";
   document.write(content);
}
```

```
function moveOut()
{
    if(move_mode=="smooth")
        {moveOutSmooth();
        }
    else
        {moveOutSkip();
        }
}
function moveBack()
{
    if(move_mode=="smooth")
        {moveBackSmooth();
        }
    else
        {moveBackSkip();
    }
}
//平滑移出,即多步移出
function moveOutSmooth()
{   //使用 style.left 属性,通过 parseInt()方法取数值
    now_pos=parseInt(document.getElementById("float_menu"). style. left);
      if(window.movingBack)
        {clearTimeout(movingBack);//停止移入动作
        }
//判断是否完全移出
    if(now_pos <0)
    {   //得到当前位置与目标位置之间的距离 dx
        dx=0-now_pos;
        //根据 dx 的值决定每步移动多少距离
        if(dx >30)
            document.getElementById("float_menu").style.left=now_pos+5;
        else if(dx >10)
            document.getElementById("float_menu").style.left=now_pos+2;
        else
            document.getElementById("float_menu").style.left=now_pos+1;
        movingOut=setTimeout("moveOutSmooth()",5);
      }
```

```
        else
        {clearTimeout(window.movingOut);//移到位后,停止移出
        }
}
//跳跃式移出,即一步移到位
function moveOutSkip()
{       //采用 style.pixeleft 属性,直接和数值进行比较,不需要采用 parseInt()方法
        if(document.getElementById("float_menu").style.pixelLeft <0)
              document.getElementById("float_menu").style.pixelLeft=0;
}
//平滑移入,即多步移入
function moveBackSmooth()
{
        if(window.movingOut)
        {       clearTimeout(movingOut);//停止移出动作
          }
//判断是否隐藏到位
        if(document.getElementById("float_menu").style.pixelLeft >eval(0-menu_width))
       {//得到当前位置与目标位置的距离 dx
       dx=document.getElementById("float_menu").style.pixelLeft-eval(0-menu_width);
       //根据距离 dx 的大小,决定每步移动多大距离
       if(dx >30)
         document.getElementById("float_menu").style.pixelLeft -=5;
        else if(dx >10)
         document.getElementById("float_menu").style.pixelLeft -=2;
        else
         document.getElementById("float_menu").style.pixelLeft -=1;
       movingBack=setTimeout("moveBackSmooth()",5);
       }
        else
       {clearTimeout(window.movingBack);//移到位后,停止移入
       }
}
//跳跃式移入,即一步移到位
function moveBackSkip()
{
        if(document.getElementById("float_menu").style.pixelLeft >eval(0-menu_ width))
```

```
        document.getElementById("float_menu").style.pixelLeft=eval(0-menu_width);
    }
    //显示菜单的初始化状态
    function init()
    {
        addMenuHeader();
        //根据需要,通过 addItem()添加多个菜单项
        addItem("新浪网站","http://www.sina.com","_blank");
        addItem("网易网站","http://www.163.com","_blank");
        addItem("凤凰网站","http://www.ifeng.com","_blank");
        addItem("深职院网","http://www.szpt.edu.cn","_blank");
        addMenuFoot();
        //设置菜单初始位置
        document.getElementById("float_menu").style.left=-menu_width;
        document.getElementById("float_menu").style.visibility="visible";
    }
    -->
    </script>
    <body>
    </body>
    <script language="JavaScript">
    <!--
    init();
    -->
    </script>
    </html>
```

6.重点代码分析

菜单内容通过函数 addItem(text,url,target)动态地添加到菜单所在层对象内。另外,菜单的初始位置是利用下面语句完成的:

```
document.getElementById("float_menu").style.left=-menu_width;
document.getElementById("float_menu").style.visibility="visible";
```

在平滑移动函数 moveBackSmooth()中,是根据距离 dx 的大小,决定每步移动多大距离,即:

```
if(dx>30)
document.getElementById("float_menu").style.pixelLeft -=5;
else if(dx>10)
document.getElementById("float_menu").style.pixelLeft -=2;
else
document.getElementById("float_menu").style.pixelLeft -=1;
```

8.4.3 任务拓展:使推拉式菜单显示在浏览器右侧

推拉式菜单显示在浏览器右侧,效果如图 8-9 所示。

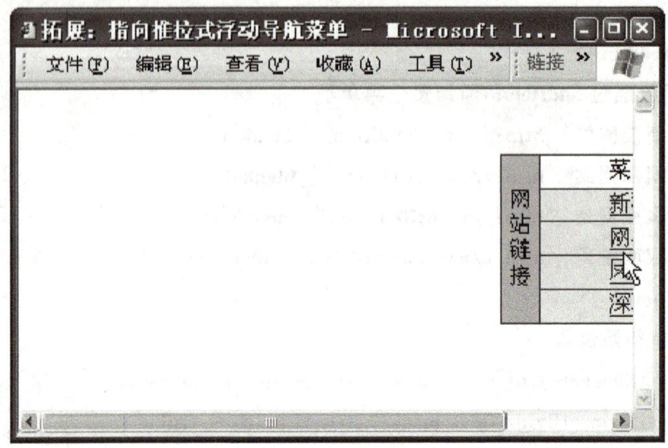

图 8-9 右侧指向推拉式导航菜单

对比 8.4.2 节程序代码,对以下程序进行改动:

```
//平滑移出,即多步移出
function moveOutSmooth()
{
      if(window.mov)
      {     clearTimeout(mov);//停止移动
      }
      if(window.movingBack)
      {     clearTimeout(movingBack);//停止移入动作
      }
      //使用 style.left 属性,要通过 parseInt()方法取数值
      now_pos=parseInt(document.getElementById("float_menu").style. left);
      //判断是否完全移出
      if(now_pos >document.body.clientWidth-150)
      {     //得到当前位置与目标位置之间的距离 dx
            dx=document.body.scrollLeft+700-now_pos; //根据 dx 的值决定每步移动多少距离
          if(dx <30)
            document.getElementById("float_menu").style.left=now_pos-5;
          else if(dx <10)
            document.getElementById("float_menu").style.left=now_pos-2;
          else
            document.getElementById("float_menu").style.left=now_pos-1;
```

```
        movingOut=setTimeout("moveOutSmooth()",5);
    }
    else
    {       clearTimeout(window.movingOut);//移到位后,停止移出
    }
}
//跳跃式移入,即一步移到位
function moveOutSkip()
{//采用 style.pixeleft 属性,直接和数值进行比较,不需要采用 parseInt()方法
    if(document.getElementById("float_menu").style.pixelRight<0)
        document.getElementById("float_menu").style.pixelRight=0;
}
//平滑移入,即多步移入
function moveBackSmooth()
{
    if(window.movingOut)
    {       clearTimeout(movingOut);//停止移出动作
    }//判断是否隐藏到位
    if(document.getElementById("float_menu").style.pixelLeft<(document.body.clientWidth-150))
    {//得到当前位置与目标位置的距离 dx
        dx = document. getElementById (" float _ menu"). style. pixelLeft - eval ( ( document. body.
        clientWidth-150)-menu_width);
        //根据距离 dx 的大小,决定每步移动多大距离
        if(dx>30)
            document.getElementById("float_menu").style.pixelLeft+=5;
        else if(dx>10)
            document.getElementById("float_menu").style.pixelLeft+=2;
        else
            document.getElementById("float_menu").style.pixelLeft+=1;
        movingBack=setTimeout("moveBackSmooth()",5);
    }
    else
    {       clearTimeout(window.movingBack);//移到位后,停止移入
            move();
    }
}
```

第 9 章 动态位置变化效果

动态位置变化效果是指网页元素的位置动态地发生变化。这种变化可以是以某一段时间为周期进行循环变化，或者是在用户的某种操作下发生变化。有些是图片或者图形的位置发生变化，有些是文字的位置发生变化。本章介绍如何实现这样的动态效果。

9.1 动态对联广告

9.1.1 随滚动条移动的对联广告

1.实例效果

在网页区域的两侧显示对联广告图片，如图 9-1 所示。

图 9-1　随滚动条移动的对联广告

2.任务要求

在网页文档区域两侧显示对联广告，当在页面中拖动滚动条时对联则显示在相对固定的位置。即广告将随着滚动条的移动而移动，使其呈现在距离顶端不变的位置。

3.程序设计思路

这种效果涉及两个方面技术：

首先编写 HTML 代码；

然后涉及控制对联显示和滚动的代码。包括对联最初显示的坐标位置，以及当滚动条滚动时对联距离页面顶端的位置变化。

4.技术要点

将图片放在层里，通过层坐标控制其在浏览器中的位置，即可以知道具体位置属性。

需要知道窗口当前的滚动情况，即当前页面位于何位置及窗口大小。然后，比较图片位置和窗口之间的关系，来确定层中图片向何方向移动和如何移动。

具体涉及以下两个属性：

(1)通过定义层对象将对联广告图片显示在页面上。这里是用 document.write()方法呈现其相应的属性。

(2)在页面出现滚动条时，注意 document.body.scrollTop 中的 scrollTop 属性，以及显示对联广告层对象的 style.posTop 属性。

5.程序代码编写

(1)html 代码

```
<! DOCTYPE html >
<html>
<head>
    <title>随滚动条移动的对联广告</title>
<META NAME="liyuncheng" CONTENT="Email:yunchengli@sina.com">
</head>
<body>
<p> </p>
<p> </p>
<p> </p>
<p> </p>
<p> </p>
<p> </p>
<p> </p>
<p> </p>
<p> </p>
<p> </p>
<p> </p>
<p>
</p>
<script src="js/ad-01.js" language="JavaScript"></script>
</body>
</html>
```

(2)ad-01.js 代码

```
//JavaScript Document
function initEcAd()
{
    document.all.AdLayer1.style.posTop=-200;
    document.all.AdLayer1.style.visibility="visible"
    document.all.AdLayer2.style.posTop=-200;
    document.all.AdLayer2.style.visibility="visible"
    MoveLeftLayer("AdLayer1");
    MoveRightLayer("AdLayer2");
}
function MoveLeftLayer(layerName)
{
    var x=5; //左侧广告距离页面左端坐标
    var y=50;//左侧广告距离页面顶端高度
    var diff=(document.body.scrollTop+y-document.all.AdLayer1. style. posTop) * .40;
    var y=document.body.scrollTop+y -diff;
    eval("document.all."+layerName+".style.posTop=parseInt(y)");
    eval("document.all."+layerName+".style.posLeft=x");
    setTimeout("MoveLeftLayer('AdLayer1');", 20);
}
function MoveRightLayer(layerName)
{
    var x=5; //右侧广告距离页面右端坐标
    var y=50;//右侧广告距离页面顶端高度
    var diff=(document.body.scrollTop+y-document.all.AdLayer2. style. posTop) * .40;
    var y=document.body.scrollTop+y -diff;
    eval("document.all."+layerName+".style.posTop=y");
    eval("document.all."+layerName+".style.posRight=x");
    setTimeout("MoveRightLayer('AdLayer2');", 20);
}
document.write("<div id=AdLayer1 style='position: absolute;visibility: hidden;z-index:1'>
<a href='http://www.pqshow.com/union' target='_blank'><img src=images/ad-01.gif border
='0'></a></div>"
+"<div id=AdLayer2 style='position: absolute; visibility: hidden; z-index: 1'><a href=
'http://www.pqshow.com/union' target='_blank'><img src=images/ad-01.gif border='0'></a>
</div>");
```

```
//调用函数确定图片当前位置
initEcAd()
```

6.任务拓展

在该效果的基础上，再加上带有关闭功能的广告效果。

实例效果如图 9-2 所示。本实例采用另外一种编程方法实现任务要求。

图 9-2　带有关闭功能的随滚动条移动对联广告

(1)HTML 代码

```
<html>
<head>
<META http-equiv="Content-Type" CONTENT="text/html; charset=gb2312"/>
<MEAT NAME="Liyuncheng" CONTENT="Email:yunchengli@sina.com" />
<META NAME="description" CONTENT="分享 JavaScript 学习成果，积累最好的 JavaScript 资料" />
<META CONTENT="JavaScript 中文网" name="keywords" />
<title>带有关闭功能的随滚动条移动对联广告</title>
</head>
<body>
<script language=JavaScript src="js/scroll.js"></script >
```

```
<table width="778" height="1000" border="0" align="center" cellpadding="0" cellspacing="0"
bgcolor="#F4F4F4">
  <tr>
    <td> </td>
  </tr>
</table>
</body>
</html>
```

(2)scroll.js 代码编程

```
suspendcode="<DIV id=lovexin1 style='Z-INDEX: 10; left: 6px; position: absolute; top: 105px;
width: 100; height: 300px;'><img src='images/ close.gif' onClick='javascript:window.hide()'
width='100' height='14' border='0' vspace='3' alt='关闭对联广告'>
<a href='http://www.makewing.com/lanren/' target='_blank'><img src='images/ad_100x300.jpg'
width='100' height='300' border='0'></a></DIV>"
document.write(suspendcode);
suspendcode="<DIV id=lovexin2 style='Z-INDEX: 10; left: 896px; position: absolute; top: 105px;
width: 100; height: 300px;'><img src='images/close.gif' onClick='javascript:window.hide()' width
='100' height='14' border='0' vspace='3' alt='关闭对联广告'>
<a href='http://www.makewing.com/lanren/' target='_blank'><img src='images/ad_100x300.
jpg' width='100' height='300' border='0'></a></DIV>"
document.write(suspendcode);
//flash 格式调用方法
<EMBED src="flash.swf" quality=high width=100 height=300
type="application/x-shockwave-flash" id=ad wmode=opaque></EMBED>
lastScrollY=0;
function heartBeat(){
  diffY=document.body.scrollTop;
  percent=.3*(diffY-lastScrollY);
  if(percent>0)
      percent=Math.ceil(percent);
  else
      percent=Math.floor(percent);
  //纵坐标变化
  document.all.lovexin1.style.pixelTop+=percent;
  document.all.lovexin2.style.pixelTop+=percent;
  lastScrollY=lastScrollY+percent;
```

```
    //横坐标变化
    lovexin1.style.left=document.body.scrollLeft+6;
    lovexin2.style.left=document.body.scrollLeft+document.body.clientWidth-106;
}
//关闭隐藏广告
function hide(){
    lovexin1.style.visibility="hidden";
    lovexin2.style.visibility="hidden";
}
window.setInterval("heartBeat()",1);
```

9.1.2　QQ 在线咨询链接上下浮动型代码

1.实例效果

在网页区域两侧显示几个随着滚动条移动而位置固定的图片链接。如图 9-3 所示。

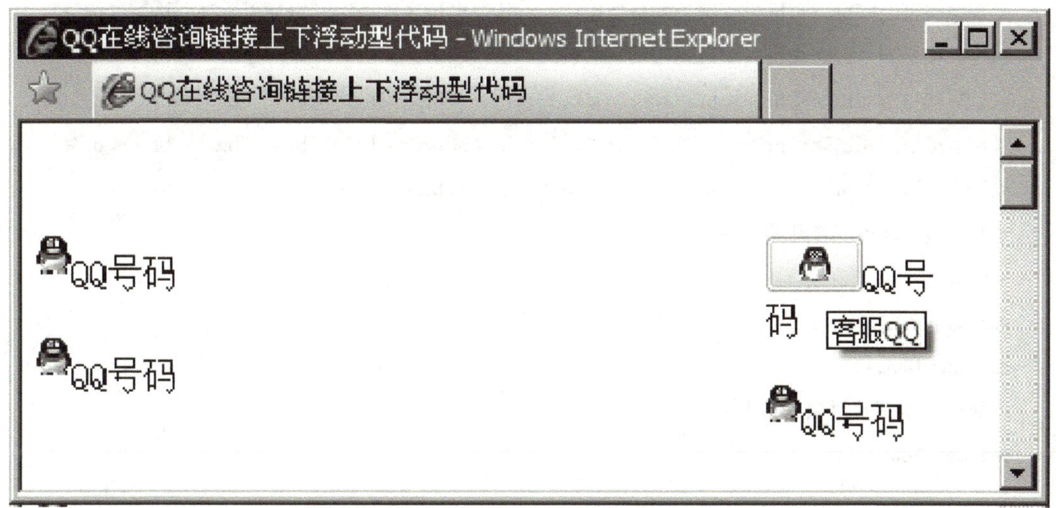

图 9-3　QQ 在线咨询链接上下浮动型代码

2.任务要求

在页面的两侧各显示两组图片链接，当页面滚动条向上或向下改变时图片相对位置固定。当鼠标指向图片时分别给出提示信息：客服 QQ 和在线技术支持 QQ，单击链接时会链接到相应网页。

3.程序设计思路

这种效果涉及两个方面技术：

首先利用 JavaScript 面向对象编程，定义图片显示在页面上；

然后考虑如何设置特定图片、位置坐标及其属性，页面显示要用到 setInterval()函数，不断刷新，随时确定图片显示属性。

4.技术要点

（1）定义一个在层中显示链接图片及其属性设置的对象构造函数 floaters()，在其中定义 addItem()方法，参数包括层的 id、横向坐标、纵向坐标和显示属性。

（2）定义控制 QQ 在线咨询客服代码显示方法 play()，以便随时刷新确认图片位置。

5.程序代码编写

```
<html>
<head>
<META http-equiv="Content-Type" CONTENT="text/html; charset=gb2312" />
<META name="Liyuncheng" CONTENT="爱 JavaScript 中文网 http://www.ijavascript.cn/" />
<META name="description" CONTENT="QQ 在线咨询链接上下浮动型代码" />
<META CONTENT="爱 JavaScript 中文网" NAME="keywords" />
<title>QQ 在线咨询链接上下浮动型代码</title>
</head>
<body>
<br><br><br><br><br><br><br><br><br><br><br><br><br><br>
<br><br><br><br><br><br><br><br><br><br><br><br><br><br>
<br><br><br><br><br><br><br><br><br><br><br><br><br><br>
<br><br><br><br><br><br><br><br><br><br><br><br><br><br>
<br><br><br><br><br><br><br><br><br><br><br><br><br><br>
<br><br><br><br><br><br><br><br><br>
<! -- QQ 浮动广告开始 -->
<script >
var delta=0.15
var collection;
//层中显示图片对象构造函数
function floaters()
{
    this.items=[];
    this.addItem=function(id,x,y,content){
    document.write('<div id='+id+'style="Z-INDEX: 10; position: absolute;width:80px; height:
    30px;left:'+(typeof(x)=='string'? eval(x):x)+';top:'+(typeof(y)=='string'? eval(y):y)
    +'">'+content+'</div >');
    var newItem={};
    newItem.object=document.getElementById(id);
    newItem.x=x;
    newItem.y=y;
    this.items[this.items.length]=newItem;
```

```
    }
    this.play=function(){
        collection=this.items;
        setInterval("play()",10);
    }
}
//控制 QQ 在线咨询客服代码的显示方法
function play()
{
    if(screen.width<=800)
    {   for(var i=0;i<collection.length;i++)
        {   collection[i].object.style.display="none";
        }
        return;
    }
    for(var i=0;i<collection.length;i++)
    {   var followObj=collection[i].object;
        var followObj_x=(typeof(collection[i].x)=="string"? eval(collection [i].x):collection[i].x);
        var followObj_y=(typeof(collection[i].y)=="string"? eval(collection [i].y):collection[i].y);
        if(followObj.offsetLeft! =(document.body.scrollLeft+followObj_x))
        {   var dx=(document.body.scrollLeft+followObj_x-followObj. offsetLeft) * delta;
            dx=(dx>0? 1:-1) * Math.ceil(Math.abs(dx));
            followObj.style.left=followObj.offsetLeft+dx;
        }
        if(followObj.offsetTop! =(document.body.scrollTop+followObj_y))
        {   var dy=(document.body.scrollTop+followObj_y-followObj. offsetTop) * delta;
            dy=(dy>0? 1:-1) * Math.ceil(Math.abs(dy));
            followObj.style.top=followObj.offsetTop+dy;
        }
        followObj.style.display="";
    }
}
//定义 floaters()的对象实例 theFloaters
var theFloaters=new floaters();
```

```
//为实例的 addItem()方法中的参数赋值
theFloaters. addItem ("followDiv1","document. body. clientWidth-106", 80,'<a href="#" target="_blank"><a href="http://wpa. qq. com/msgrd? V=1&amp; Uin=83744378&amp; Site=www. ijavascript.cn&amp;Menu=yes" target="-blank"><img src="images/QQoffline.gif" alt="客服 QQ" border="0"></a>QQ 号码<br><br><a href="http://wpa.qq.com/msgrd? V=1&amp; Uin=125146711&amp; Site=www.ijavascript.cn&amp;Menu=yes" target="blank">
<img src="http://www.ijavascript.cn/tools/codedemo/float-drag-js-for-qqonline-30/images/QQoffline.gif "alt="QQ 在线技术支持 "border="0"></a>QQ 号码');
theFloaters.addItem("followDiv2",6,80,'<A href="http://wpa.qq.com/msgrd? V=1&amp; Uin=19325450&amp;Site=www.ijavascript.cn&amp;Menu=yes" target="_blank">
<img src="http://www.ijavascript.cn/tools/codedemo/float-drag -js-for-qqonline-30/images/QQoffline.gif" alt="QQ 客服" border="0"></a>QQ 号码<br><br>
<a href="http://wpa.qq.com/msgrd? V=1&amp; Uin=121929982 &amp; Site=www.ijavascript.cn&amp;Menu=yes"target="_blank">
<img src="http://www.ijavascript.cn/tools/codedemo/float-drag-js-for-qqonline-30/images/QQoffline.gif" alt="QQ 在线技术支持"border="0"></a>QQ 号码<br>');
//调用 theFloaters 实例的 play()方法，刷新显示图片信息
theFloaters.play();
</script>
<! -- QQ 浮动广告结束 -->
</body>
</html>
```

9.1.3 任务拓展：位于页面带有 Flash 浮动广告的代码编写

1.实例效果

在网页区域显示一个图片和 Flash 动画的浮动广告，随着窗口滚动条变化而位置保持在窗口相对固定位置。如图 9-4 所示。

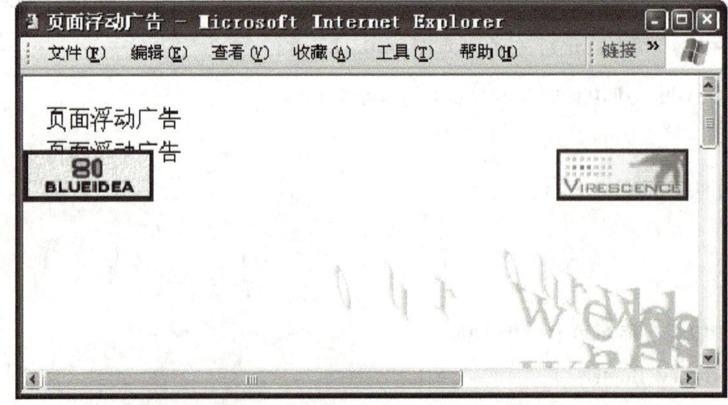

图 9-4 显示图片和 Flash 动画的浮动广告

2.任务要求

在页面左右端呈现图片广告，页面中部显示一个 Flash 动画，当鼠标拖动滚动条时它们会动态显示在页面相对固定的位置。

3.程序设计思路

将图片和 Flash 动画分别放在层里，通过层位置控制器在浏览器中的位置，可以知道具体位置属性。

需要知道窗口当前的滚动情况，即当前页面位于哪个位置及窗口大小。

比较图片位置和窗口之间的关系，来确定层中图片向哪个方向移动和如何移动。

4.技术要点

在页面中使用程序技术加入层，并将 gif 或 flash 动画放入其中。

这里另外涉及用 JavaScript 程序实现网页中添加图层。加载 Flash 动画代码标记为：

```
<object classid="clsid:D27CDB6E-AE6D-11cf-96B8-444553540000" width="778" height="120"
>'+
        '<param name="movie" value="'+src+'">'+
        '<param name="quality" value="high">'+
        '<param name="wmode" value="transparent">'+
        '<embed src="'+src+'" width="'+width+'"height="'+height+'" quality="high" type
        ="application/x-shockwave-flash"'+'wmode="transparent "></embed></object>
```

5.程序代码编写

```
<html>
<head>
<meta http-equiv="content-type" content="text/html;charset=gb2312">
<META NAME="Liyuncheng" CONTENT="Email:yunchengli@sina.com">
<title> 页面浮动广告</title>
</head>
<script language="JavaScript">
<! --
var floatAdvs=new Array();//用于保存添加的广告信息
var intervalTime=20;
function addAdv(id,x,y,src,url,type,width,height)
{
    //id 为广告层 id
    //x 为广告左边相对窗口左边的距离
    //y 为广告顶边相对窗口顶边的距离
    //src 为动画的目录位置
    //url 为广告对应的链接
    //type 表示是添加 gif 动画还是 flash 动画
```

```
    //width 和 height 为动画的宽度和高度
    //根据要加入的广告类型构造内容
    if(type=="gif")
    content='<a href="+url+"><img src="+src+" width="+width+"height="+height+">
    </a>';
    if(type=="flash")
    content='<a href="+url+">'+'<object classid="clsid: D27CDB6E-AE6D-11cf-96B8-
    444553540000" width="778" height="120">'+
        '<param name="movie" value="'+src+'">'+
        '<param name="quality" value="high">'+
        '<param name="wmode" value="transparent">'+
        '<embed src="'+src+'" width="'+width+'"height="'+height+'"
    quality="high" type="application/x-shockwave-flash"'+'wmode="transparent"></embed>
    </object>'+'</a>';
    document.write('<div id="+id+" style="Z-INDEX: 380; position: absolute; left:'+(typeof(x)
    =='string'? eval(x):x)+'; top:'+(typeof(y)=='string'? eval(y):y)+'">'+content
    +'</div>');
    //如果 x 或者 y 是字符串,则当作表达式进行处理,取其值作为位置坐标
    num=floatAdvs.length;//这里必须先把 floatAdvs.length 值取出来
    floatAdvs[num]=new Array();//定义二维数组,二级记录 id,x,y
    floatAdvs[num]["id"]=id;
    floatAdvs[num]["x"]=x;
    floatAdvs[num]["y"]=y;
}
//根据窗口变化、滚动条的移动而移动
function makeAnimate()
{
if(screen.width<=800)
    {for(var i=0;i<floatAdvs.length;i++)
      { floatAdvs[i].style.display="none";
      }
    return;
    }
  for(var i=0;i<floatAdvs.length;i++)
      {var floatAdv_x=(typeof(floatAdvs[i]["x"])=="string"? eval(floatAdvs [i] ["x"]):floatAdvs
      [i]["x"]);
```

```
            var floatAdv_y=(typeof(floatAdvs[i]["y"])=="string"? eval(floatAdvs [i] ["y"]):floatAdvs
                        [i]["y"]);
        var floatAdv=document.getElementById(floatAdvs[i]["id"]);
        if(floatAdv.offsetLeft! =(document.body.scrollLeft+floatAdv_x))
          {var dx=document.body.scrollLeft+floatAdv_x-floatAdv.offsetLeft;
          if(dx>5)//距离较大时,以较大步距移动
            dx=(dx>0? 1:-1) * 5;
          else//距离较小时,每步移动 1
            dx=dx>0? 1:-1;
          floatAdv.style.left=floatAdv.offsetLeft+dx;
          }
        if(floatAdv.offsetTop! =(document.body.scrollTop+floatAdv_y))
          {var dy=document.body.scrollTop+floatAdv_y-floatAdv.offsetTop;
          if(dy>5)
            dy=(dy>0? 1:-1) * 5;
          else
            dy=(dy>0? 1:-1);
          //floatAdv.style.top=floatAdv.offsetTop+dy;
          floatAdv.style.top=parseInt(floatAdv.style.top)+dy;
          }
        floatAdv.style.display="block";
        }
}
addAdv("floatadv1",0,50,"./logo_blueidea.gif","http://www.blueidea.com","gif",88,31);
addAdv("floatadv2","document.body.clientWidth-100",50,"./logo_lubian.gif","","gif",88,31);
addAdv("floatadv3","document.body.clientWidth-650",110,"./12.swf","http://www.uestc.edu.cn",
"flash",700,60);
window.setInterval("makeAnimate()",intervalTime);
-->
</script>
<body width="778px" height="800px" align="center">
<table height="900px" width="700px" align="center">
<tr valign="top"><td>
<table>
<tr height="21px">
<td>页面浮动广告</td>
</tr>
```

```
<tr height="21px">
<td>页面浮动广告</td>
</tr>
</table>
</td></tr>
</table>
</body>
</html>
```

9.2 鼠标控制的变化

9.2.1 跟随鼠标移动的蛇形文字

1.实例效果

在网页区域显示一组跟随鼠标运动的文字串，如图 9-5 所示。

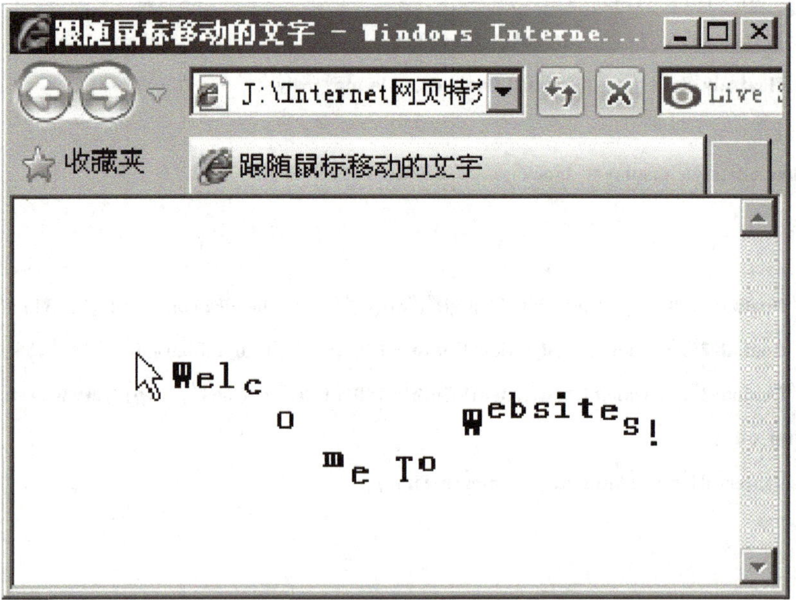

图 9-5　跟随鼠标移动的文字

2.任务要求

在网页区域显示一个跟随鼠标运动的文字串，并且后一个字母跟着前一个字母按照蛇形前进轨迹运动。

3.程序设计思路

这种效果也涉及两个方面技术：

首先确定鼠标的当前位置，可以通过 event 对象的属性来获取；

每个字母放在单独层里，然后考虑第 1 个字母位置如何跟着鼠标位置进行移动，这里位置的变化要分开考虑其对应层的横坐标和纵坐标。这种变化一定是慢慢沿着蛇形爬行轨迹靠近鼠标的当前位置，然后让后面字母沿前一个字母路径移动的。这里涉及移动动画的制作，考虑技术就要用到 setTimeOut()方法，使字母逐渐移动到目的处。

4.技术要点

(1)鼠标位置获取同前面例子。

(2)采用 String 对象的 split()方法，将字符串中的每个字母提取出来，即 messageArray＝message.split()；并组成一个数组，其横坐标设为：

```
var xpos=new Array();
for(i=0;i<=message.length-1;i++)
  { xpos[i]=-50;
  }
```

5.程序代码编写

```
<html>
<head>
    <title>跟随鼠标移动的文字</title>
<META http-equiv="content-type" CONTENT="text/html;charset=gb2312">
</head>
<style type="text/css">
.laystyle {position:absolute;top:-50px;font-size:12pt;font-weight:bold;}
</style>
<script language="JavaScript">
//定义初始变量
var x=0,y=0; //鼠标初始位置坐标
var space1=15;//首个字母离鼠标的距离
var space2=10;//字母间距
var flag=0;
var message="Welcome To Our Website!!";
//从字符串中提取单个字母组成数组
messageArray=message.split("");
var xpos=new Array();//定义数组实例用于保存单个字母的位置坐标
for(i=0;i<=message.length-1;i++)
{       xpos[i]=-50;
}
var ypos=new Array();
for(i=0;i<=messageArray.length-1;i++)
```

```
{   ypos[i]=-50;
}
ifNN4=(navigator.appName=="Netscape"&&parseInt(navigator.appVersion)==4);
ifNN6=(navigator.appName=="Netscape"&&parseInt(navigator.appVersion)==5);
//获取鼠标位置函数
function getMousePos(e)
{
    if(ifNN4||ifNN6)
    {   x=e.pageX;
        y=e.pageY;
    }
    else
    {   x=document.body.scrollLeft+event.clientX;
        y=document.body.scrollTop+event.clientY;
    }
    flag=1;
}
//定义字母随鼠标移动函数
function move()
{
    if(flag==1)
    {   if(ifNN4)
        {   for(i=messageArray.length-1; i>=1; i--)
            {   xpos[i]=xpos[i-1]+space2;//字母间距
                ypos[i]=ypos[i-1];
            }
            xpos[0]=x+space1;//首个字母位置
            ypos[0]=y;
            for(i=0; i<messageArray.length-1; i++)
            {   eval("document.div"+i).left=xpos[i];//每个字母的具体位置
                eval("document.div"+i).top=ypos[i];
            }
    }
else
{   for(i=messageArray.length-1; i>=1; i--)
  {   xpos[i]=xpos[i-1]+space2;
```

```
            ypos[i]=ypos[i-1];
        }
    xpos[0]=x+space1;
    ypos[0]=y;
        for(i=0; i<messageArray.length-1; i++)
        {      document.getElementById("div"+i).style.left=xpos[i];
               document.getElementById("div"+i).style.top=ypos[i];
        }
    }
}
    setTimeout("move()",30);
    }
    //加载文字到各个层中
    for(i=0;i<=messageArray.length-1;i++)
    {      document.write("<div id='div"+i+"' class='laystyle'>");
           document.write(messageArray[i]);
           document.write("</div>");
    }
    if(ifNN4||ifNN6)
        document.captureEvents(Event.mousemove);
    document.onmousemove=getMousePos;
    </script>
    <body onLoad="move()">
    </body>
    </html>
```

9.2.2 围绕鼠标旋转的尾巴

1.实例效果

在页面中呈现围绕鼠标旋转的尾巴,效果如图 9-6 所示。

2. 任务要求

在网页区域显示一串大小不一的色块,始终围绕鼠标进行螺旋状旋转,同时旋转的平面不断地发生周期变化。

3.程序设计思路

这种效果涉及的技术包括:鼠标移动和图形的坐标发生改变。前者已经学会;每一个具体色块的运动,涉及数学函数的轨迹:

```
y1=a1+b1*sin(c1+x1);
y2=a2+b2*sin(c2+x2);//参数的不同变化会产生不同轨迹
```

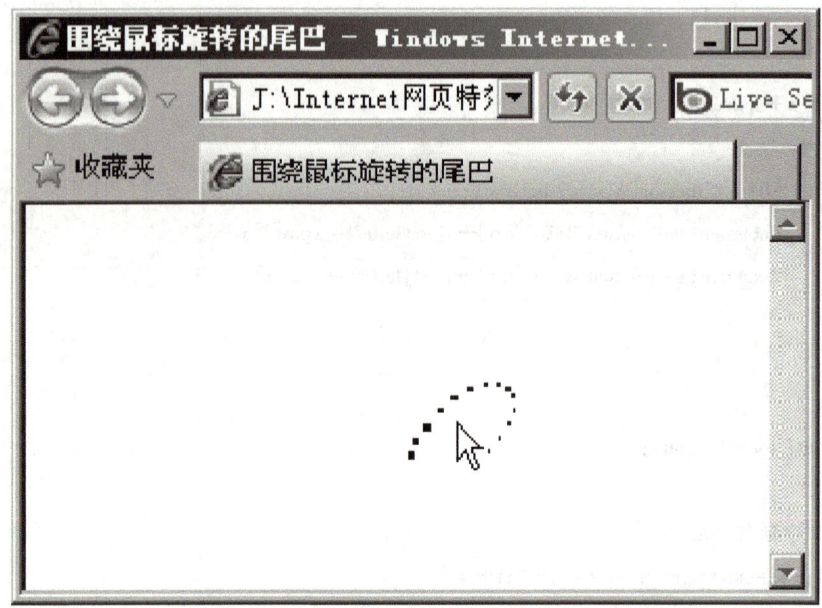

图 9-6　围绕鼠标旋转的尾巴

4.技术要点

实际上用到的部分技术前面已经学习。

这里另外涉及用 JavaScript 程序动态地实现网页中添加层显示色块，并使之随着鼠标移动的同时按照数学函数的物理规律进行运动。

5.程序代码编写

```
<html>
<head>
<META http-equiv="content-type" CONTENT="text/html;charset=gb2312">
<META NAME="Liyuncheng" CONTENT="Email:yunchengli@sina.com">
<title>围绕鼠标旋转的尾巴</title>
</head>
  <script language="JavaScript">
  //定义初始变量
  var y=200; //定义色块初始位置
  var x=200;
  var step=1;
  var currStep=0;
  var Xpos=1;
  var Ypos=1;
  var tempLayer;
```

```
ifNN4=(navigator.appName=="Netscape"&&parseInt(navigator. appVersion)==4);
ifNN6=(navigator.appName=="Netscape"&&parseInt(navigator. appVersion)==5);
if(ifNN4)
{   with(document)//在 NN4 浏览器中定义层
    {   write('<layer name=lay0 bgcolor=#0000000 width="1px" height=" 1px "></layer>')
        write('<layer name=lay1 bgcolor=#0000000 width="1px" height="1px"></layer>')
        write('<layer name=lay2 bgcolor=#0000000 width="1px" height="1px"></layer>')
        write('<layer name=lay3 bgcolor=#0000000 width="1px" height="1px"></layer>')
        write('<layer name=lay4 bgcolor=#0000000 width="2px" height="2px"></layer>')
        write('<layer name=lay5 bgcolor=#0000000 width="2px" height="2px"></layer>')
        write('<layer name=lay6 bgcolor=#0000000 width="2px" height="2px"></layer>')
        write('<layer name=lay7 bgcolor=#0000000 width="2px" height="2px"></layer>')
        write('<layer name=lay8 bgcolor=#0000000 width="3px" height="2px"></layer>')
        write('<layer name=lay9 bgcolor=#0000000 width="3px" height="2px"></layer>')
        write('<layer name=lay10 bgcolor=#0000000 width="3px" height="2px"></layer>')
        write('<layer name=lay11 bgcolor=#0000000 width="3px" height="3px"></layer>')
        write('<layer name=lay12 bgcolor=#0000000 width="3px" height="3px"></layer>')
        write('<layer name=lay13 bgcolor=#0000000 width="3px" height="3px"></layer>')
    }
    //定义针对 NN4 浏览器获取鼠标位置坐标函数
    function getMousePos1(eventObject)
    {
        Xpos=eventObject.pageX;
        Ypos=eventObject.pageY;
    }
    document.captureEvents(Event.MOUSEMOVE);//在文档区域捕获鼠标事件
    document.onmousemove=getMousePos1;
}
else
{   //在 NN6 浏览器及 IE 浏览器中定义层
    with(document)
    {   write('<div id=lay0 style="position:absolute;width:1px; height: 1px;
        background:#000000;visibility:visible;font-size=1px"></div>')
        write('<div id=lay1 style="position:absolute;width:1px; height: 1px;
        background:#000000;visibility:visible;font-size=1px"></div>')
```

```
        write('<div id=lay2 style="position:absolute;width:1px; height: 1px;
        background:#000000;visibility:visible;font-size=1px"></div>')
        write('<div id=lay3 style="position:absolute;width:1px; height: 1px;
        background:#000000;visibility:visible;font-size=1px"></div>')
        write('<div id=lay4 style="position:absolute;width:2px; height: 2px;
        background:#000000;visibility:visible;font-size=1px"></div>')
        write('<div id=lay5 style="position:absolute;width:2px; height: 2px;
        background:#000000;visibility:visible;font-size=1px"></div>')
        write('<div id=lay6 style="position:absolute;width:2px; height: 2px;
        background:#000000;visibility:visible;font-size=1px"></div>')
        write('<div id=lay7 style="position:absolute;width:2px; height: 2px;
        background:#000000;visibility:visible;font-size=1px"></div>')
        write('<div id=lay8 style="position:absolute;width:3px; height: 2px;
        background:#000000;visibility:visible;font-size=1px"></div>')
        write('<div id=lay9 style="position:absolute;width:3px; height: 2px;
        background:#000000;visibility:visible;font-size=1px"></div>')
        write('<div id=lay10 style="position:absolute;width:3px; height: 2px;
        background:#000000;visibility:visible;font-size=1px"></div>')
        write('<div id=lay11 style="position:absolute;width:3px; height: 3px;
        background:#000000;visibility:visible;font-size=1px"></div>')
        write('<div id=lay12 style="position:absolute;width:3px; height: 3px;
        background:#000000;visibility:visible;font-size=1px"></div>')
        write('<div id=lay13 style="position:absolute;width:3px; height: 3px;
        background:#000000;visibility:visible;font-size=1px"></div>')
        }
//定义针对 NN6 和 IE 浏览器获取鼠标位置坐标函数
function getMousePos2(eventObject)
{
    if(ifNN6)
    {    Xpos=eventObject.pageX;
         Ypos=eventObject.pageY;
    }
    else
    {    Xpos=document.body.scrollLeft+event.x;
         Ypos=document.body.scrollTop+event.y;
```

```
            }
        }
    document.onmousemove=getMousePos2;
}
//定义色块跟随鼠标移动轨迹的函数
function move()
{
    if(ifNN4)
    {       y=window.innerHeight/8;
            x=window.innerWidth/8;
            for(j=0 ; j<14 ; j++)
            {       tempLayer="lay"+j;
                    document.layers[tempLayer].top=Ypos+
                    y * Math.sin((currStep+j * 4)/ 12) * Math.cos(400+currStep/200);
                    document.layers[tempLayer].left=Xpos+
                    x * Math.sin((currStep+j * 3)/10) * Math.sin(currStep/200);
            }
            currStep+=step;
            setTimeout("move()", 10);
    }
    else
    { if(ifNN6)
      {   y=window.innerHeight/8;
          x=window.innerWidth/8;
      }
      else
      {   y=window.document.body.clientHeight/8;
          x=window.document.body.clientWidth/8;
      }
      for(i=0 ; i<14; i++)
      {       tempLayer="lay"+i;
              document.getElementById(tempLayer).style.top=Ypos+
              y * Math.sin((currStep+i * 4)/12) * Math.cos(400+currStep/200);
              document.getElementById(tempLayer).style.left=Xpos+
              x * Math.sin((currStep+i * 3)/10) * Math.sin(currStep/200);
```

```
        }
        currStep+=step;
        setTimeout("move()", 10);
        }
}
</script>
<body onload="move()">
</body>
<html>
```

第 10 章 jQuery 应用设计

今天的万维网已经发展到一个新阶段，用户对网站的设计和功能都提出了更高要求。为了构建更有吸引力的交互式网站，开发者们借助于像 jQuery 这样的 JavaScript 库，轻松实现常见任务的自动化和复杂任务的简单化。

这个库的设计秉承了一致性与对称性原则，大部分概念都是从 HTML 和 CSS (Cascading Style Sheet，层叠样式表)的结构中借用而来，不增加记忆负担，没有生疏感。能够让很多编程经验并不丰富的设计人员很快就熟悉并掌握它。

jQuery 由 John Resig 创建于 2006 年初，是一个快速又简洁的 JavaScript 开发库。它极大地简化了 JavaScript 编程。其功能包括：

(1)对 HTML 文档内容进行操控；

(2)改变页面显示效果，jQuery 对 CSS 样式进行操作；

(3)修改变动页面内容可以动态地插入一段文字、一张图片等；

(4)响应用户交互，用户对文档进行操作时让文档对其有交互反应；

(5)为页面增添视觉动画；

(6)Ajax 应用，不用刷新页面就可以对内容进行更新。

10.1 jQurey 选择器使用

jQuery 极大地简化了 JavaScript 编程，降低了难度和烦琐程度，与前面几章编程相比较立刻会给你带来不一样惊喜。

学习完成任务后将初步学会操控页面元素的基本过程和基本方法。先要找到待改动元素对其进行定位后，即可对 HTML 文档内容进行操控，改变页面显示效果，或者反馈响应用户的交互信息。

jQuery 最核心部分是它的选择器。无论设计什么样的页面效果都必须针对网页上的元素来实施，操控时一定要先选中该页面元素对象。通过什么方式选择，即 jQuery 的选择器。

选择器，这个概念我们在前面页面设计时，利用 CSS 定义页面显示样式中通过 id、class、标签等来选中页面的 DOM(Document Object Model，文档对象模型)。

jQuery 利用了 CSS 选择符的能力，让人们能够在 DOM 中快捷而轻松地获取元素或元素集合。

10.1.1 任务：利用 jQuery 改变页面显示效果

1.设计效果

完成后的设计效果如图 10-1 所示，通常页面文字默认为黑色，当前页面中显示了几个选择器的特定效果。

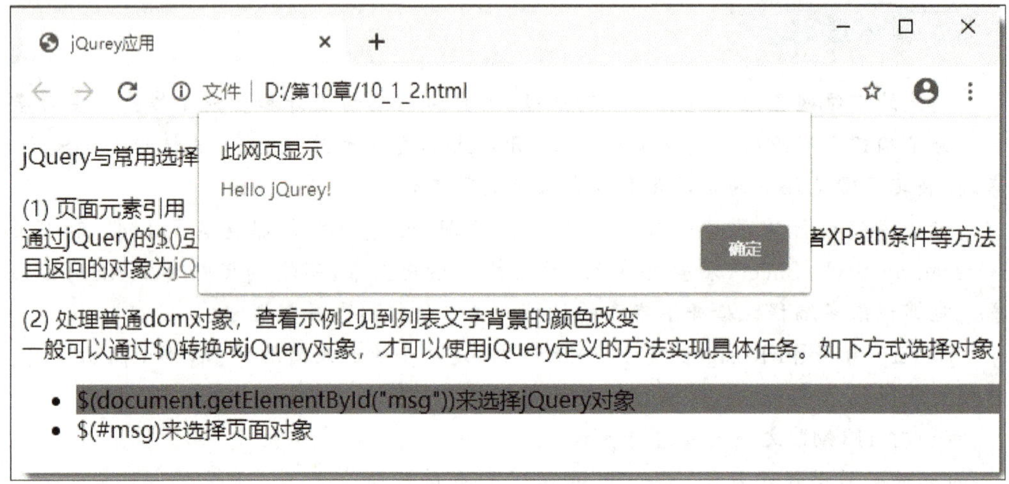

图 10-1　页面上几种选择器应用

2.任务描述

在网页上定义单击链接文字时会弹出提示对话框。针对项目列表定义全部或部分元素背景色彩；定义特定段落文字的颜色等。

3.设计思路

首先在页面上设计所要用到样式的页面文字效果。

然后针对特定页面对象应用 jQuery 来改变其显示效果。

4.技术要点

(1)下载 jQuery 库文件，在 HTML 中添加脚本标签，链接其文件。

(2)通常在页面上要做的每一件事情，都需要用到文档对象模型 Document Object Model(DOM)，使用 jQuery 就必须为当前文档注册一个 ready 事件。其代码为：

```
$(document).ready(function(){
});
```

(3)在 ready()事件处理方法中，只有通过选择特定 Dom 的对象才能实现各种页面的变化效果。

5.程序代码

(1)单击带有链接的文字时随之显示一个 alert 对话框

①创建页面 HTML 的基本结构，其代码如下：

```
<! DOCTYPE html>
<html>
```

```
<head>
<title>jQuery 及其选择器应用</title>
<meta http-equiv=content-type content="text/html; charset=UTF-8">
</head>
<body >
</body>
</html>
```

②在页面添加文字信息，标签代码内容(这里只显示部分)为：

```
<p>jQuery 与常用选择器</p>
<p>(1)页面元素引用<br />
通过 jQuery 的<a href="#"> $ ()引用元素</a>，包括通过 id、class、元素名、元素层级关系及Dom 或者 XPath 条件等方法，且返回的对象为<a href="#">jQuery 对象</a>(集合对象)，不能直接调用 Dom 定义的方法。<br />
<p>(2)处理普通 dom 对象，查看示例 2 见到列表文字背景的颜色改变<br />
一般可以通过 $ ()转换成 jQuery 对象，还可以使用 jQuery 定义的方法实现具体任务。如下方式选择对象：
<ul id="orderlist2">
<li> $ (document.getElementById(&quot;msg&quot;))来选择 jQuery 对象</li>
<li> $ (#msg)来选择页面对象</li>
</ul>
```

③在头部<head></head>标签内，添加 JavaScript 脚本标签，调用 jQuery 库文件。

```
<script src="js/jquery-1.9.1.js" type="text/javascript"></script>
```

提　示

现在必须将 jQuery 库文件保存到文档所在的文件夹。这里是保存在内部的 js 文件夹里。

④继续在头部标签内添加 JavaScript 脚本标签，并编写脚本代码：

```
<script type="text/javascript">
//为当前文档注册一个 ready 事件，只要使用 jQuery，这部分是必需的
$ (document).ready(function(){
$ ("a").click(function(){
  alert("Hello jQuery!");
  });
});
</script>
```

说明：$是一个 jQuery 里对于类的别名，构造了一个新的 jQuery 对象。

解释：$("a")是一个 jQuery 的选择器(selector)，这里选中了 Dom 的<a>标签。它允许选择所有 Dom 的元素。click()函数是对象的一个方法。它绑定了对所有元素的 click 事件并且当事件触发时执行该函数，类似于代码：<a href="#">Link</a>。但区别也是显而易见的，这里不需要为单一的对象写 click 事件。它把 html 结构和 js 行为分开，就像用 CSS 分开一样。

⑤此时，页面完整的 JavaScript 脚本程序代码如下：

```
<script src="js/jquery-1.9.1.js" type="text/javascript"></script>
<script type="text/javascript">
  $(document).ready(function(){
    $("a").click(function(){
      alert("Hello jQuery!");
    });
  });
</script>
```

⑥保存文件 10_1_1.html，在浏览器中预览页面效果，如图 10.2 所示。

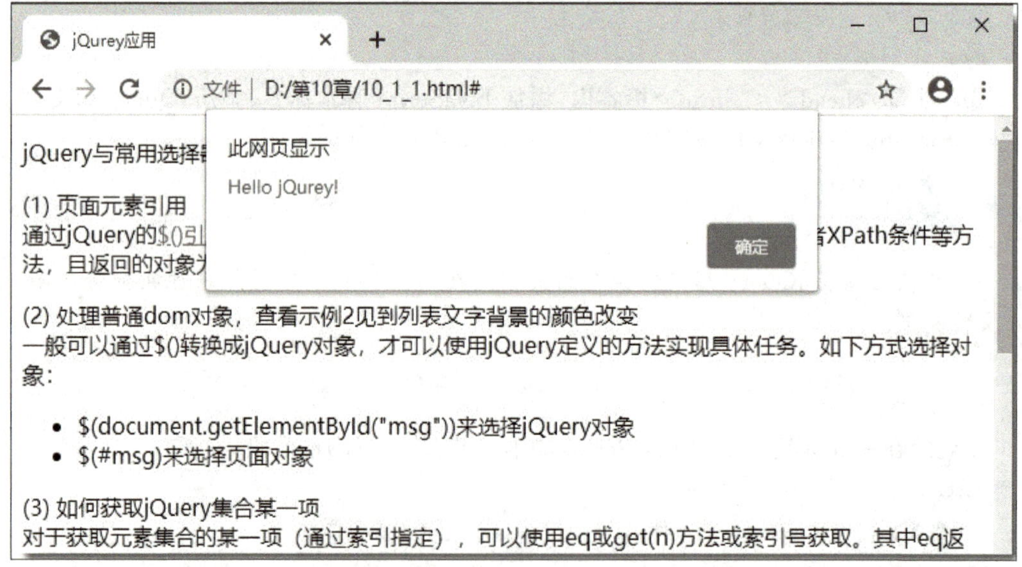

图 10-2　单击链接显示提示框

(2)修改页面特定 1 个列表文字的背景颜色

①在页面文字内容列表的第 1 项标签内，修改 id="orderlist"。

②在 ready()事件内添加如下代码：

```
$("#orderlist").addClass("red");
```

这行代码的含义是，为选择的 id="orderlist"的页面对象增加一个类名为 red 的 CSS 样式。其中 addClass()为增加 CSS 的方法。

③为页面 HTML 添加如下 CSS 代码，定义背景为红色：

```
<style type="text/css">
.red { background-color: #FF0000; }
</style>
```

④此时页面完整的 JavaScript 脚本程序代码如下：

```
<script src="js/jquery-1.9.1.js" type="text/javascript"></script>
<script type="text/javascript">
    $(document).ready(function(){
      $("a").click(function(){
        alert("Hello jQuery!");
      });
      $("#orderlist").addClass("red");
      });
</script>
```

⑤保存文件 10_1_2.html，在浏览器中预览页面效果，如图 10-3 所示。

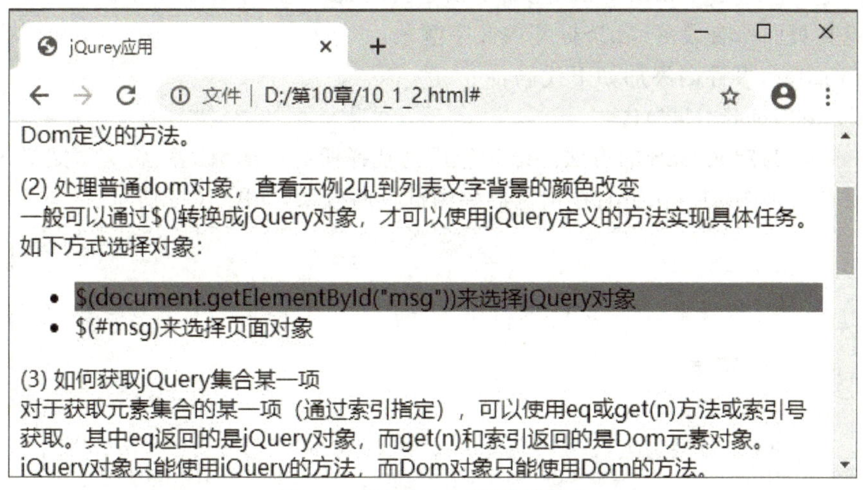

图 10-3　修改第 1 个列表项背景色

(3)再次修改页面特定列表文字的背景颜色

①将页面文字内容列表的第 1 项标签定义 id="orderlist"，移到项目列表标签内，即修改为<ul id="orderlist">。

②其他代码不变，保存文件 10_1_3.html，浏览效果如图 10-4 所示。

此时代码中所选择对象是针对整个列表的操作，使得列表中文字背景颜色都发生了变化。

③将选择对象做出如下改变，其脚本代码如下：

```
$("#orderlist>li:first").addClass("red");
```

或

```
$("ul>li:first").addClass("red");
```

前者含义是选择 id 为 orderlist 中的第 1 个<li>标签对象，向其添加一个类为 red 的 CSS 样式；后者含义是选择标签为<ul>内的第 1 个<li>标签对象，向其添加一个类为 red

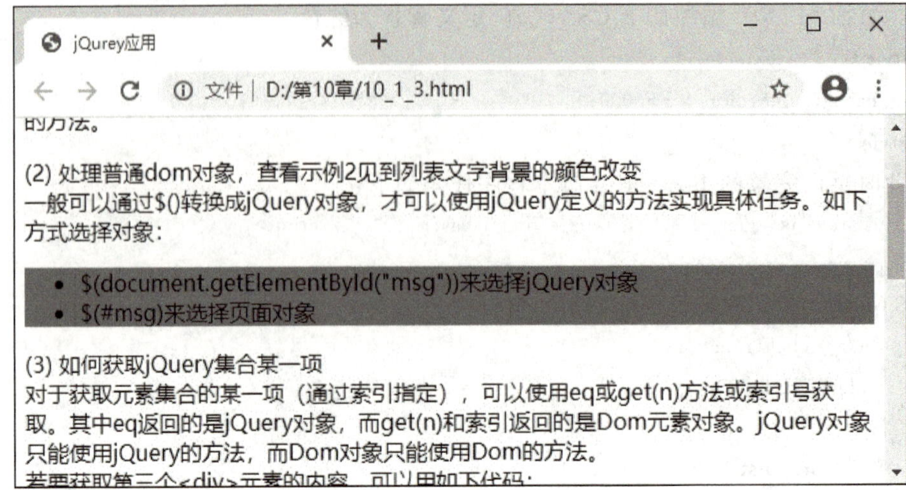

图 10-4　整个列表文字背景色改变

的 CSS 样式。当然，也可以利用参数 last 选择最后一个<li>标签。

④保存文件 10_1_3.html，在浏览器中预览页面效果，如图 10-3 所示。

(4)定义页面所有段落<p>标签内文字颜色

①在 ready()事件内添加如下代码：

```
$("p").css("color","blue");
```

其中 css()为定义 CSS 的方法。语句作用为选择所有<p>标签，将文字定义为蓝色。

(2)保存文件 10_1_4.html，在浏览器中浏览页面效果，如图 10-5 所示。

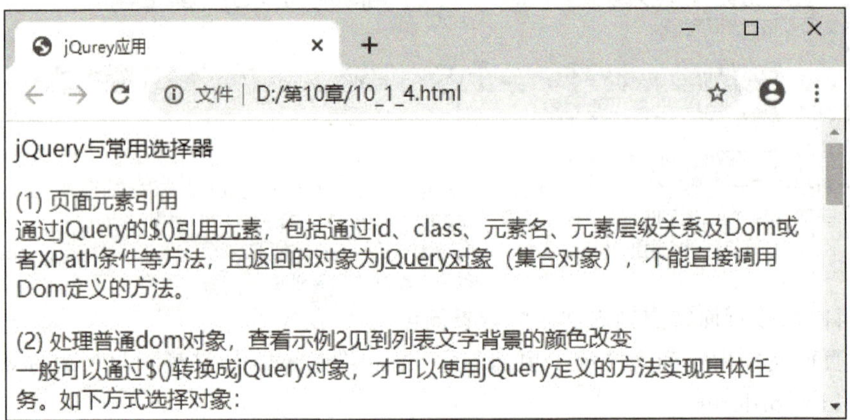

图 10-5　定义段落文字颜色

6.代码小结

为当前文档注册一个 ready 事件，这个事件是 jQuery 代码的入口，是必需的。它可以有以下几种格式：

```
$(document).ready(function(){//代码
});
```

可以简写为：

```
$().ready(function(){//代码
});
```

也可以简写为：

```
$(function(){//代码
});
```

它将函数绑定到文档的就绪事件，即当文档完成加载时才允许运行其代码。避免在文档完全加载之前就运行函数，导致操作失败。这种页面加载不同于 onload 事件。onload 需要页面内容(图片等)加载完毕，而 ready 只要页面 html 代码下载完毕即触发。

jQuery 选择器。在前面代码里展示了一些有关如何选取 HTML 元素的实例。展现了 jQuery 选择器是如何准确地选取到希望应用效果的页面元素。jQuery 引用页面元素方式，包括通过 id、class、标签、元素层级关系(如：父子节点 parent > child)及 Dom 或者 XPath 条件等。在 HTML DOM 术语中，选择器允许对 Dom 元素组或单个 Dom 节点进行操作。

10.1.2 任务拓展：常用方法使用

对于任务 10.1.1 在技术方面进行扩展，以便进一步理解事件处理方法，改变页面显示效果。包括：hover()悬停事件方法、not()过滤器方法、find()和 each()方法、fadeOut()渐变隐藏方法、fadeIn()渐变出现方法、fadeTo()透明度变化方法、slideToggle()滑动隐藏或显现方法。

1.使用鼠标悬停事件增加链接显示效果

(1)在页面中加载 jQuery 库文件。

```
<script src="js/jquery-1.9.1.js" type="text/javascript"></script>
```

(2)添加脚本标签，为当前文档注册一个 ready 事件。

```
<script type="text/javascript">
$(document).ready(function(){


});
</script>
```

(3)编写当鼠标移到 a 元素时增加和删除一个 Class 样式代码。

```
$(document).ready(function(){
    $("a").hover(function(){
      $(this).addClass("green");
      }, function(){
      $(this).removeClass("green");
    });
});
```

提　示

hover()为链接对象的悬停事件处理方法，当鼠标移入时调用前面的语句，为当前选定对象增加一个类为 green 的 CSS 样式；当鼠标移出时调用后面的语句，为当前选定对象删除一个类为 green 的 CSS 样式。

(4)保存文件 10_1_5.html，在浏览器中浏览设计效果，如图 10-6 所示。

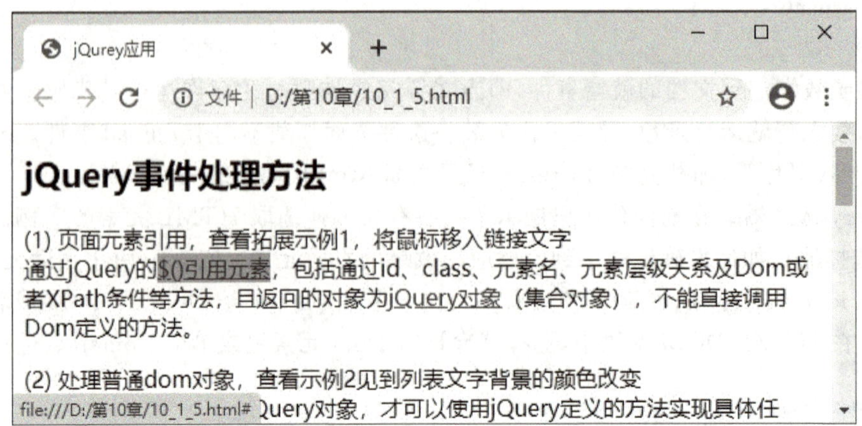

图 10-6　为链接元素增加悬停效果

2.过滤器方法的应用

(1)在当前文档注册 ready 事件内添加代码：

```
$("ul").not("#orderlist"). css("color","red");
```

其中 not()、css()分别为排除方法和定义 css 样式方法。语句含义为选择＜ul＞标签，但排除 id＝orderlist 的＜ul＞标签，改变其 css 样式中文字为红色。

(2)保存文件 10_1_6.html，在浏览器中浏览设计效果，如图 10-7 所示。

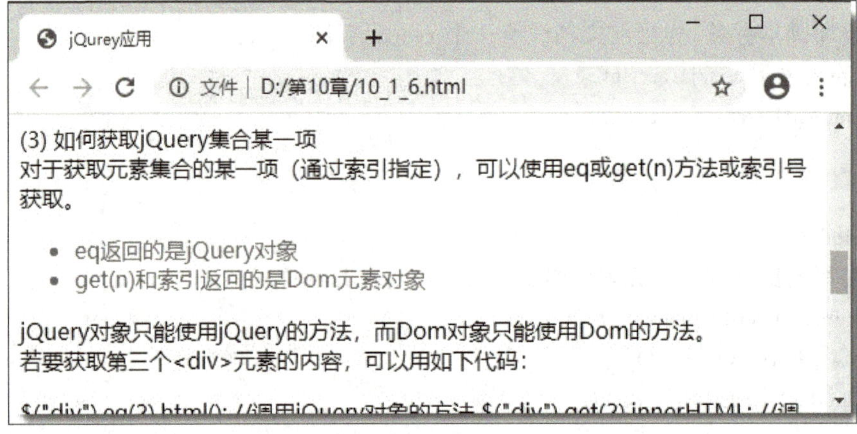

图 10-7　应用排除方法定义列表 CSS

提　示

基本过滤选择器，包括找到第一元素：first，找到最后一个元素：last?，排除给定选择器：not(selector)，匹配索引值为偶数的元素从 0 开始计数：even，匹配索引值为奇数的元素从 0 开始计数 ：odd，匹配一个给定索引值元素从 0 开始：eq(index)，匹配大于给定索引值元素：gt(index)，匹配小于给定索引值元素：lt(index)等。

3.find ( ) 和 each ( ) 方法应用

(1)在 ready()事件处理方法内添加如下代码：

```
$("#orderlist").find("li").each(function(i){
    $(this).html($(this).html()+" BAM! "+i);
});
```

其中 find()方法是找到<li>标签，each()方法是单独针对该序列中的每个元素，从下标 0 开始直到最后一个。

说明：在 jQuery 中允许事件方法以链式连写排列出来，本例中针对选择元素的两个方法就是连写排列。它减少了代码的长度并提高了代码的易读性和表现性。

(2)保存文件 10_1_7.html，在浏览器中浏览设计效果，如图 10-8 所示。语句中 $(this)即所选择的列表元素之一，将原有 HTML 内容改写为在其后面添加 BAM! 0 或 BAM! 1。其中 $(this).html()为返回该选项的 HTML 内容。

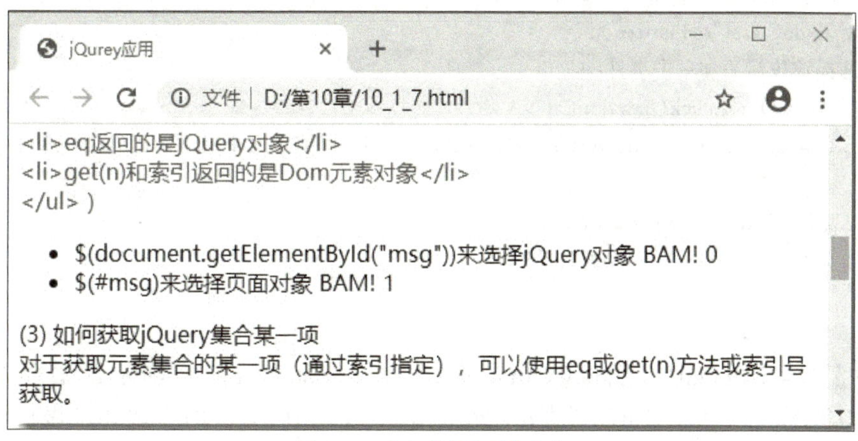

图 10-8　改变列表每项的内容

注：把一个选择器的所有事件并排列出来，中间用“.”隔开。

提　示

在 jQuery 中 each()是一个特殊的方法函数，可以用一个匿名函数作为参数，就像一个循环语句一样来运行，即匿名函数内部的指令对获取的每个选项元素都运行一次。

4.选中元素的渐变动画效果

(1)新建页面创建 HTML 基本结构并添加脚本标签，加载 jQuery 库文件。

```
<script src="js/jquery-1.9.1.js" type="text/javascript"></script>
```

(2)再次添加脚本标签，为当前文档注册一个 ready 事件。

```
<script type="text/javascript">
$(document).ready(function(){

});
</script>
```

(3)在页面添加两个表单对象按钮，并分别定义 id="fadeOut"和 id="fadeOutUndo"，代码为：

```
<input type="submit" id="fadeOut" value="fadeOut">
<input type="submit" id="fadeOutUndo" value="fadeIn 恢复">
```

(4)按钮下面添加一个 Div，定义 id="fadeOutDiv"，代码为：

```
<div id="fadeOutDiv">点击 fadeOut 按钮，将执行 fadeOut()方法显示效果。
</div>
```

(5)在 ready()事件处理方法内添加如下代码：

```
$(document).ready(function(){
  //为所有层元素增加一个 CSS 效果
$("div").addClass("redborder");
  //选择该按钮添加单击事件
  $("#fadeOut").click(function(){
    $("#fadeOutDiv").fadeOut("slow",function(){alert("演示这个层慢慢消失了!")});
    });
  $("#fadeOutUndo").click(function(){
    $("#fadeOutDiv").fadeIn("fast");
  });
});
```

其中 $("#fadeOutDiv").fadeOut("slow",function(){alert("演示这个层慢慢消失了!")})，让选择 id="fadeOutDiv"的 div 元素，以 fadeOut()方法的参数要求慢慢淡出直至消失，然后显示下一个匿名函数效果出现提示对话框。

```
$("#fadeOutDiv").fadeIn("fast"); //让该 div 元素以 fadeIn()方法参数要求快速淡入显示出来
```

(6)保存文件 10_1_8.html，在浏览器中浏览设计效果，如图 10.9 所示。

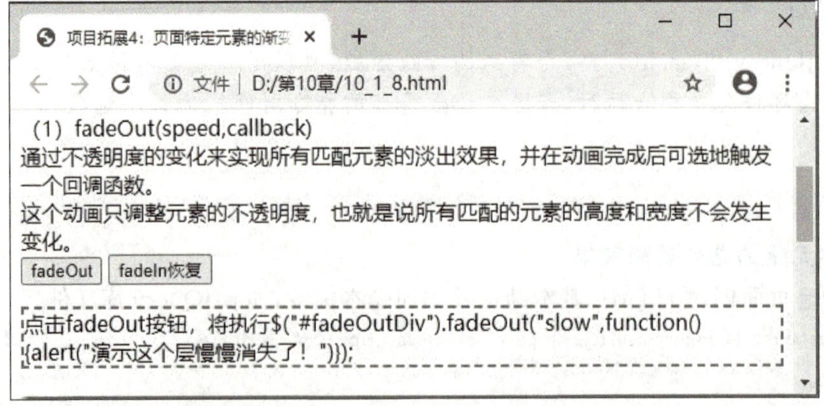

图 10-9　fadeOut()和 fadeIn()方法效果

解释：fadeOut(speed，callback)、fadeIn(speed，callback)、fadeTo(speed，opacity，callback)三个方法，前者是淡出效果、二者是淡入效果、后者是透明度的变化效果。其中参数 speed(String|Number)：可选三种预定速度之一的字符串("slow"，"normal"，"fast")或表示动画时长的毫秒数值(如 1000)。

(7)在页面添加另一个按钮，定义 id="fadeIn"。在下面再添加 id="fadeIndiv"的一个 div 元素。代码如下：

```
<input type="submit" id="fadeIn" value="fadeIn">
<div id="fadeInDiv" style="display:none">点击 fadeIn 按钮，将执行 fadeIn()方法演示这个层慢慢出现了!"
</div>
<br>
```

在 ready()事件处理方法内添加如下代码：

```
$("#fadeIn").click(function(){
    $("#fadeInDiv").fadeIn("slow",function(){alert("演示这个层慢慢出现了！")});
});
```

其含义为单击 fadeIn 按钮让该 div 元素以 fadeIn()方法参数 slow 要求慢速淡入显示出来，然后显示下一个匿名函数效果出现提示对话框。

(8)保存文件 10_1_9.html，浏览效果如图 10.10 所示。

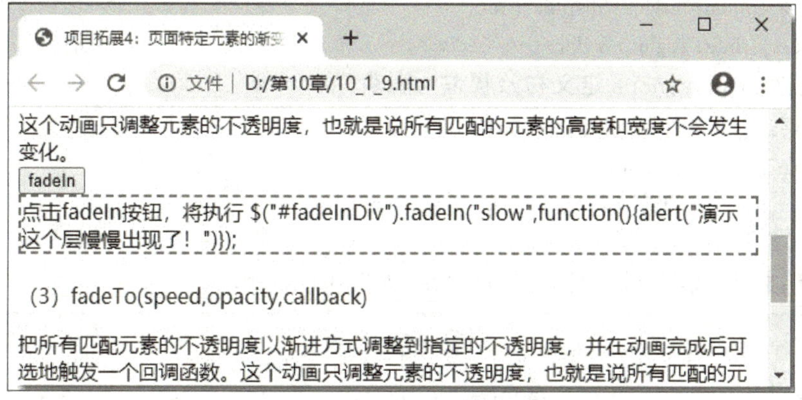

图 10-10　fadeIn()方法慢速效果

(9)类似前面步骤，在页面添加另一个按钮，定义 id="fadeTo"。在下面再添加 id="fadeTodiv"的一个 div 元素。代码如下：

```
<input type="submit" id="fadeIn" value="fadeTo">
<div id="fadeToDiv" style="display:none">点击 fadeTo 按钮，将执行 fadeTo()方法演示这个层透明度出现变化!
</div>
```

在 ready()事件处理方法内添加如下代码：

```
$("#fadeTo").click(function(){
    $("#fadeToDiv").fadeTo("slow",0.5,function(){alert("演示这个层透明度变成 50%了!")});
});
```

其含义为单击 fadeTo 按钮让该 div 元素以 fadeTo()方法参数 slow 和 0.5 要求慢速显示并且透明度减小，然后显示下一个匿名函数效果出现提示对话框。

(10)保存文件，浏览效果如图 10.11 所示。

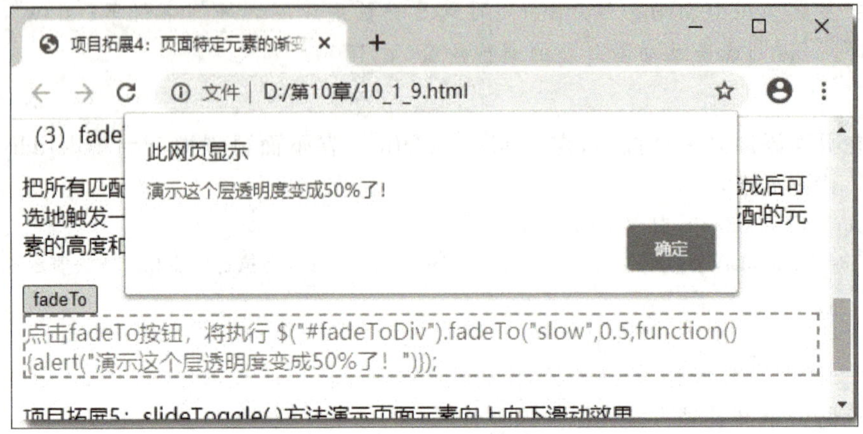

图 10-11　fadeTo()方法透明度变化效果

5.选中元素的滑动动画效果

(1)在页面添加 id="flip"的段落文字，并设置其背景属性值和链接。代码如下：

```
<p id="flip" align="center"><a href="#">slideToggle()方法</a><br>
</p>
```

(2)添加 id="content"的 div 元素显示文字信息。代码如下：

```
<div id="content" style="display:none;">
<p>jQuery slideToggle()方法，… …</div>
```

其中属性 display:none 定义初始状态为隐藏。

(3)在 ready()事件处理方法内添加如下代码：

```
$("#flip").click(function(){
  $("#content").slideToggle("slow");
});
```

(4)保存文件，在浏览器中浏览设计效果，如图 10-12 所示。

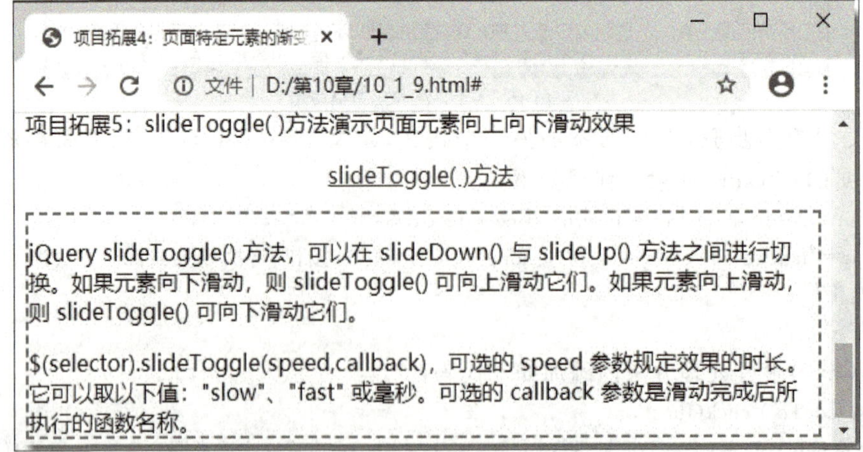

图 10-12　slideToggle()方法滑动效果

解释：toggle()和 slidetoggle()方法提供了状态切换功能。toggle()方法包括 hide()和 show()方法。slideToggle()方法包括 slideDown()和 slideUp()方法。

(1)slideDown(speed, callback)方法，通过高度变化(向下增大)来动态地显示所有选择元素，在显示完成后可选地触发一个回调函数。这个动画效果只调整元素的高度，可以使选择元素以滑动的方式显示出由上到下伸展的效果。

(2)slideUp(speed, callback)方法，通过高度变化(向上减小)来动态地隐藏所有选择元素，在隐藏完成后可选地触发一个回调函数。这个动画效果只调整元素的高度，可以使选择元素以滑动方式由下到上缩短隐藏起来。与 slideDown()用法相同，但效果是反向的。

(3)slideToggle(speed, callback)方法，通过高度变化来切换所有选择元素的可见性，并在切换完成后可选地触发一个回调函数。这个动画效果实际上就是 slideDown()、slideUp()的集合体，如果元素当前可见则滑动隐藏，如果当前元素已经隐藏则滑动显示。

10.1.3 知识拓展：jQuery 选择器与方法

1. 如何获取 jQuery 集合中的某一项

对于获取元素的某一项(集合通过索引指定，可以使用 eq)返回的是 jQuery 对象。jQuery 中有很多方法，主要包括如下几个：

$("#msg").html()，返回 id 为 msg 的元素节点的 html 内容。

$("#msg").html("<b>new content</b>")，将"<b>new content</b>"作为 html 串写入 id 为 msg 的元素节点内容中，页面显示粗体的 new content。

$("#msg").text()，返回 id 为 msg 的元素节点的文本内容。

$("#msg").text("<b>new content</b>")，将"<b>new content</b>"作为普通文本串写入 id 为 msg 的元素节点内容中，页面显示<b>new content</b>。

$("#msg").height()，返回 id 为 msg 的元素的高度。

$("#msg").height("300")，将 id 为 msg 的元素的高度设为 300。

$("#msg").width()，返回 id 为 msg 的元素的宽度。

$("#msg").width("300")，将 id 为 msg 的元素的宽度设为 300。

$("input").val(" ")，返回表单输入框的 value 值。

$("input").val("test")，将表单输入框的 value 值设为 test。

$("#msg").click()，触发 id 为 msg 的元素的单击事件。

$("#msg").click(fn)，为 id 为 msg 的元素单击事件添加函数。

2.操作页面元素样式

主要包括以下几种方式：

$("#msg").css("background")，返回元素的背景颜色。

$("#msg").css(" background ","#000CCC")，设定元素背景为灰色。

$("#msg").height(300); $("#msg").width("200"),设定宽高。

$("#msg").css({ color: "red", background: "blue" }),以名值对的形式设定样式。

$("#msg").addClass("select"),为元素增加类名为 select 的 CSS 样式。

$("#msg").removeClass("select"),删除元素类名为 select 的 CSS 样式。

$("#msg").toggleClass("select"),如果存在(不存在)就删除(添加)类名为 select 的 CSS 样式。

3.集合处理功能

对于 jQuery 返回的集合内容,无须人为循环遍历就能对每个对象分别做处理,jQuery 提供了很方便的事件或方法进行集合处理。如:

```
$("p").each(function(i){this.style.color=["#000F00","#0000F0","#00000F"][i]})//为索引为 0,1,2 的 p 元素分别设定不同的字体颜色
$("tr").each(function(i){this.style.backgroundColor=["#000CCC","#000FFF"][i%2]})//实现表格的隔行换色效果
$("p").click(function(){alert($(this).html())})//为每个 p 元素增加 click 事件,单击某个 p 元素则弹出内容
```

4.扩展功能

通过使用 extend()方法能够扩展 jQuery 的功能。例如:

```
$.extend({min: function(a, b){return a<b? a:b; }, max: function(a, b){return a > b? a:b; }})//为 jQuery 扩展 min,max 两个方法
```

当使用扩展方法时,通过“$.方法名”调用格式实现。例如:

```
alert("a=10,b=20,max="+$.max(10,20)+",min="+$.min(10,20))
```

5.支持方法连写

所谓连写,就是可以对一个 jQuery 对象连续调用各种不同的方法。例如:

```
$("p").click(function(){alert($(this).html())}).mouseover(function(){ alert("mouse over event")}).each(function(i){this.style.color=["#000F00","#0000F0","#00000F"][i]})
```

6.完善事件处理功能

jQuery 已经提供了多种事件处理方法,无须在 html 元素上直接写事件。应用时可以直接通过 jQuery 获取对象来添加事件。例如:

```
$("#msg").click(function(){alert("good")})//为元素添加单击事件
$("p").click(function(i){ this.style.color=[ "#000F00","#0000F0","#00000F" ][i]})//为三个不同的 p 元素单击事件分别设定不同的处理
```

jQuery 中几个自定义的事件。例如:

(1)hover(fn1, fn2)是一个模仿按钮悬停事件(鼠标移到一个对象上及移出这个对象触发函数)的方法。当鼠标移到一个匹配的元素上面时,会触发指定的第 1 个函数。当鼠标移出这个元素时,会触发指定的第 2 个函数。例如:

```
$("tr").hover(function(){ $(this).addClass("over");}, function(){ $(this). addClass("out");})
//当鼠标放在表格某行上时将样式定义为类名为 over 的 CSS,离开时定义为类名为 out 的 CSS
```

(2)ready(fn)是当 Dom 载入就绪可以查询及操纵时绑定一个要执行的函数。例如:

```
$(document).ready(function(){alert("Hello jQuery!")})//页面加载完毕提示框显示“Hello jQuery! ”
```

(3)toggle(eventFn,oddFn)是每次点击时切换要调用的函数。如果点击了一个选择元

素，则触发指定的第 1 个函数，当再次点击同一元素时则触发指定的第 2 个函数。随后每次点击都重复对这两个函数的调用。例如：

```
$("p").toggle(function(){ $(this).addClass("selected");?},function(){ $(this).removeClass("se-
lected"); })//每次点击时轮换添加和删除类名为 selected 的 CSS 样式
```

(4)trigger(eventtype)是在每一个选择元素上触发某类事件。例如：

```
$("p").trigger("click");        //触发所有 p 元素的 click 事件
```

(5)bind(eventtype, fn)、unbind(eventtype)分别是绑定与反绑定事件，即从每一个选择元素中添加、删除绑定的事件。例如：

```
$("p").bind("click", function(){alert($(this).text());})//为每个 p 元素添加单击事件
$("p").unbind()//为删除所有 p 元素上的所有事件
$("p").unbind("click")//为删除所有 p 元素上的单击事件
```

10.1.4　小结：jQuery 选择器

在这个任务中又涉及一些有关如何选取 HTML 元素的实例。总结归纳包括：jQuery 元素选择器和属性选择器，允许通过标签名、属性名或内容对 HTML 元素进行选择。当然，选择器也允许对 HTML 元素组或单个元素进行操作。

jQuery 元素选择器，可以使用 CSS 选择器来选取 HTML 元素。例如：

$("p")选取<p>元素。$("p.intro")选取所有 class="intro"的<p>元素。$("p#demo")选取所有 id="demo"的<p>元素。通常 jQuery CSS 选择器，可用于改变 HTML 元素的 CSS 属性。

jQuery 属性选择器，可以使用 XPath 表达式来选择带有给定属性的元素。例如：

$("[href]")选取所有带有 href 属性的元素。$("[href='#']")选取所有带有 href 值等于"#"的元素。$("[href! ='#']")选取所有带有 href 值不等于"#"的元素。$("[href$='.jpg']")选取所有 href 值以".jpg"结尾的元素。

jQuery 内容选择器，即对 HTML 元素中内容进行选择。例如：$(":contains('W3School')") 包含页面指定字符串的所有元素。

10.2　事件捕捉与事件冒泡

事件在页面元素上以两种方式存在：事件捕捉和事件冒泡。事件捕捉过程是指事件在页面元素中向后代元素下沉。事件冒泡过程是指事件从发生事件的源元素通过页面对象向上冒泡。两者的区别在于传递方向相反。这些概念比较抽象，需要通过下面的实例学习来理解。

10.2.1　捕获鼠标事件

在网页中通过鼠标与页面元素进行交互，是经常发生的事情。除了常见到的 click 单击事件，jQuery 提供了各种鼠标事件，供人们选择使用。包括 click、dbclick、mousedown、 mouseup、mouseenter、mouseleave、mouseout、mouseover 等。

1.设计效果

利用 mouseenter、mouseleave、mousedown 和 mouseup 事件对添加到购物车页面增加动态效果和实现放入购物车功能。完成任务后在浏览器中预览页面效果如图 10-13 所示。

图 10-13　鼠标事件

2.任务要求

在网页上分别定义文字、图片和链接，当鼠标移入图片时下面文字显示补充内容，鼠标离开时恢复原样；在整个产品介绍区域按下鼠标键时信息周围的边框呈现红色，鼠标按键松开时出现购物车货品画面等。

3.设计思路

首先在页面设计所要用到样式的页面文字、链接和图片效果。

然后，针对特定页面任务要求应用 jQuery 来改变其显示效果。

4.技术要点

(1) 在页面 HTML 中添加用到的标签及其内容，定义相应的 CSS 代码，这里定义了鼠标指针样式 cursor:pointer;

(2) 针对图片标签定义绑定相应事件及其行为，涉及向元素添加事件处理程序 bind() 事件方法，添加触发事件 mousedown()等。

5. 程序代码

单击事件在前面已经反复应用，这里可以学习显示与隐藏信息的新方法。

①在页面显示必要信息并定义相应样式的 CSS 代码。

```
<! DOCTYPE html>
<html>
    <head>
<meta charset="UTF-8">
<title>捕获鼠标事件</title>
    <style>
    body {font-family:arial;background: #999;}
    .container {width:800px;padding:5px;background: #fff;}
    .product {width:300px;border:3px solid #ccc;padding:5px;}
    .cart {width:800px;border:2px solid #ccc;;margin:0 0 10px;}
    .add-to-cart {border:1px solid #333;background: #333;color: #fff;padding:3px;cursor:pointer;}
    .success {background: #e6efc2;color: #264409;border:2px solid #c6d880;padding:8px;}
    p.toolTip {color:red;}
    .clear {clear:both;}
    </style>
    <script src="js/jquery-1.9.1.min.js"></script>
    <script>

    </script>
    <body>
        <div class="container">
            <h1>Hello jQuery.</h1>
            <div class="cart">
            <h2>购物车</h2>
        </div>
        <div class="product">
            <h3>最新款手机 5G 版</h3>
            <div class="product-image">
    <img src="images/mobile_ phone.jpg"  title="最新款 5G 手机,请抓紧下单吧!">
    </div>
            <p class="info">即将有不少新手机上市,其中有影响力的当属苹果、华为、小米、
            OPPO 四大品牌。在各种性能、外观比拼当中,四款新手机确实难以一下子就分出高
            低,毕竟每款手机都有其独特的优势。</p>
            <p class="price">2299.99</p>
            <div class="add-to-cart">单击鼠标放入购物车</div>
            </div>
        </div>
    </body>
</html>
```

②定义带有绑定鼠标事件指向图片的交互效果。

```
$(document).ready(function(){
    $(".product-image img").bind({
        mouseenter : function () {
            var toolTip = $(this).attr("title");
            $(".info").after("<p class='toolTip'>"+toolTip+"</p>");
        },
        mouseleave: function () {
            $("p.toolTip").hide();
        }
    });
});
```

③定义单击订单的交互效果。

```
$('.product').bind({
    mousedown : function() {
        $(this).css('border','3px solid red');
    },
    mouseup: function() {
        $(this).css('border','3px solid #ccc');
        $('.cart').append('现在有一个新款 5G 手机在购物车里<br>');
        $('.cart h2').text('购物车里有 1 件物品!');
        $(this).hide();
    }
});
```

6.代码解析

(1) bind() 方法是 jQuery 事件方法，其用途是向元素添加事件处理程序。实例中是向元素添加一个 mouseenter 等事件。bind()方法可以向被选元素添加一个或多个事件处理程序，以及当事件发生时运行的函数。

当鼠标进入/离开某个元素或它的后代元素时，触发 mouseover/mouseout 事件，而 mouseenter/mouseleave 事件当且仅当鼠标进入某个元素时触发，它不关心目标元素是否有子元素。注意，mouseover/mouseout 事件(由于事件冒泡)经常在不需要的时候不小心触发，从而导致一些代码问题。起泡阶段，事件将从目标元素向上传播回或起泡回 Document 对象的文档层次。

(2) 目标元素是.product-image 元素内的图片后代元素，当鼠标进入目标元素时 mouseenter 事件触发里面的事件处理函数。其中创建了一个 tooltip 变量：

```
var toolTip = $(this).attr("title"); // 这个变量保存了利用.attr()方法获取了所选定目标元素的title 属性值
$(".info").after("<p class='toolTip'>"+toolTip+"</p>");//在被选元素后插入指定的内容，即div.info 元素之后
$("p.toolTip").hide();//鼠标离开时将该添加信息隐藏起来，也可以使用 remove()方法删除
```

(3) 当鼠标在选定.product 区域按下鼠标键时，运行下面代码：

```
$(this).css('border','3px solid red');//为选中区域添加 css 样式，即 3 个像素的红色实线边框
```

(4) 当鼠标按键松开后运行包括下面两行代码：

```
$('.cart').append('现在有一个新款 5G 手机在购物车里<br>');// 在被选元素的结尾插入指定内容
$('.cart h2').text('购物车里有 1 件物品!');// text() 方法设置被选元素的文本内容
```

在本例中其实 mouseenter/mouseleave 事件也可以用 hover()事件，即鼠标悬停事件来替代，其效果是一样的。

10.2.2　利用 cookie 让特定信息在站点只显示一次

在通常的网上购物网站，为了招揽用户，网站会向用户显示一条特定的提示或者消息，而且希望在计算机中只看到一次。

1.设计效果

第 1 次进入网站显示页面时，单击页面链接显示特定内容，在浏览器中预览页面效果如图 10-14 和图 10-15 所示。

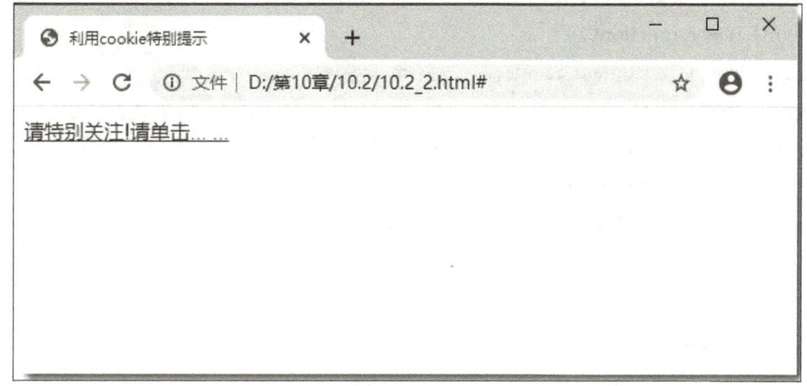

图 10-14　提示

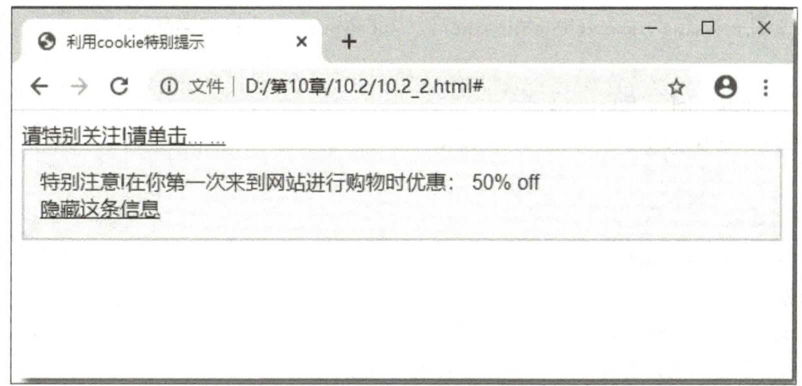

图 10-15　提示内容

2.任务要求

第 1 次显示页面时单击页面链接，显示特定内容。再次进入该网站时页面原来的特定信息不再显示出来。

3.设计思路

首先定义页面内容及其相应的 CSS 样式；通过使用 cookie 属性设置控制相应显示效果。

4.技术要点

show( )方法中参数 callback 的使用；定义日期对象 Date( )及其相应方法；创建与获得 cookie。

5.程序代码

```
<! DOCTYPE html>
<html>
<head>
    <style>
    body {font-family:arial;}
    .message {padding:.8em; margin-bottom: 1em; border: 2px solid #ddd; background: #fff6bf;
    color: #514721; border-color: #FFD324; display:none;}
    </style>
    <script src="js/jquery-2.1.1.min.js"></script>
    <script type="text/javascript">
$ (document).ready(function(){
var messageCookie = document.cookie;    //读取 cookie
if (messageCookie) {
    // if message cookie is present, then hide special offer link
        $ ('.special-offer').hide();
            console.log('User has already seen offer!');
}
else {
        // do nothing
}
$ ('.special-offer').bind('click', function(){
        $ ('.message').show(hideMessage); //hideMessage 为回调函数
});
$ ('.hide').bind('click', function(){
        $ ('.message').hide(hideMessage);
    });
//定义回调函数
    function hideMessage() {
//定义日期实例
    var expirDate=new Date();
//setDate( )方法定义日期为 30 天，即当前日期+30 天
    expirDate.setDate(expirDate.getDate()+30);
//定义 cookie。使用 toUTCString() 来把今天的日期转换为(根据 UTC)字符串
document.cookie = "message=yes;expires="+ expirDate . toUTCString();
    }
```

```
    });
    </script>
    <body>
        <a href="#" class="special-offer">请特别关注！请单击……</a>
    <div class="message">特别注意！在你第一次来到网站进行购物时优惠：50% off <br/>
        <a href="#" class="hide">隐藏这条信息</a></div>
</body>
</html>
```

6.代码解析

HTML 中 DOM 的 cookie 属性，cookie 属性返回当前文档所有键/值对的所有 cookies。语法格式为 document.cookie，设置或返回与当前文档有关的所有 cookie。

使用 JavaScript 创建 cookie。JavaScript 可以使用 document.cookie 属性来创建、读取及删除 cookie。

JavaScript 中，创建 cookie 使用如下语句：

```
document.cookie="username=John Doe";
```

还可以为 cookie 添加一个过期时间(以 UTC 或 GMT 时间)。默认情况下，cookie 在浏览器关闭时删除：

```
document.cookie="username=John Doe; expires=Thu, 18 Dec 2021 12:00:00 GMT";
```

可以使用 path 参数告诉浏览器 cookie 的路径。默认情况下，cookie 属于当前页面。

```
document.cookie="username=John Doe; expires=Thu, 18 Dec 2021 12:00:00 GMT; path=/";
```

使用 JavaScript 读取 cookie，即可以使用以下代码来读取 cookie：

```
var x = document.cookie;
```

document.cookie 将以字符串的方式返回所有的 cookie，类型格式：

```
cookie1=value; cookie2=value; cookie3=value;
```

使用 JavaScript 修改 cookie。修改 cookie 类似于创建 cookie，如：

```
document.cookie="username=John Smith; expires=Thu, 18 Dec 2021 12:00:00 GMT; path=/";
```

旧的 cookie 将被覆盖。

使用 JavaScript 删除 cookie。删除 cookie 非常简单，只需要设置 expires 参数为以前的时间即可，如设置为 Thu, 01 Jan 1970 00:00:00 GMT：

```
document.cookie = "username=; expires=Thu, 01 Jan 1970 00:00:00 GMT";
```

注意，当删除时不必指定 cookie 的值。

10.3 高级图片切换动画显示

1.设计效果

图片横向移动切换，且显示文字提示条。页面显示效果如图 10-16 所示。

2.任务要求

在页面中显示一组图片且再呈现一个大图片，由默认该组图片对应数字选择按钮。当单击选择某个数字按钮时会在上方将大图替换为该图。整个图片切换效果外部轮廓是一个整体。

图 10-16 文字和图片切换

3.设计思路

利用 jQuery 技术实现该效果，先要设定页面显示图片内容及其 CSS，然后通过 jQuery 的编程技术进行图片的切换显示和效果处理。

4.技术要点

jQuery 编程中定义数组保存图片、信息简介和链接网址，利用 append()和 after()方法动态地添加标签和信息；通过 addClass()和 removeClass()方法设置数字切换效果；用 stop()和 clearQueue()方法停止动画并清理动画序列；用 delay()和 animate()方法定义图片切换滑动效果。

5.程序代码

```
<! DOCTYPE html>
<html>
<head>
<meta http-equiv="Content-Type" content="text/html; charset=UTF-8" />
<title>图片横向移动切换</title>
<style>
body {font-family:arial;}
ul#nav {list-style-type:none;margin:10px 0 10px;padding:0;}
ul#nav li {float:left;width:30px;}
ul#nav li a {text-decoration:none;background:#05609a;color:#fff; padding:5px;}
<! --text-decoration:none,为链接文字定义成正常文字,即取消下划线。-->
ul#nav li a.active {background:#b4f114;}
.container {position:relative;height:250px;width:400px;border:1px solid #333;overflow:hidden;}
.slide-container {position: absolute;top: 0; left: 0;}
.slides {float:right;}
.slide-text {display:none;font-size:18px;}
```

```
img {border:0;}
.textStrip {top: 0px; display: block; position: absolute; left:-400px; padding: 5px; background: #333333;opacity:.9;color: #ffffff;width:100%;}
</style>
<script src="js/jquery-2.1.1.min.js"></script>
<script type="text/javascript">
$(document).ready(function(){
// 设置数组以保存滑动图片的信息
var slideArray = ["photo1.jpg","photo2.jpg","photo3.jpg"," photo4. jpg"];
var textArray = ["图片 1 文字简介.","图片 2 文字简介.","图片 3 文字简介.","图片 4 文字简介"];
var urlArray = ["http://www.google.com", "http://www.baidu.com", "http://www.sina.com", "http://www.facebook.com"];
// 将 HTML 添加到 DOM
$('.container').append('<div class="slide-container" />');   //图片容器
$('.container').after('<ul id="nav" class="clearfix"></ul>');
// Loop thru the array and add the images to the DOM
for(i=0; i < slideArray.length; i++){
    var slideNum = i + 1;
    $('#nav').append('<li><a href="#" rel="'+slideNum+'">'+slideNum+'</a></li>');   //添加数字序号按钮
    var slideInfo = '<div class="slide-image'+slideNum+' slides">';
    slideInfo += '<a href="'+urlArray[i]+'">';//对应图片链接
    slideInfo += '<div class="slide-text activeInfo'+[i]+'">'+textArray[i]+'</div>';//对应图片的文字简介信息
    slideInfo += '<img src="images/'+slideArray[i]+'"/></a></div>';
    $('.slide-container').append(slideInfo);   //文字提示条和图片等追加放入容器内
}
// 设置变量
var slideTotal = 4;
var slideWidth = 400;
var slideContainer = slideWidth * slideTotal;
// 为图片册指定宽度
$(".slide-container").css({'width' : slideContainer});
// 设置单击事件以制作切换动画
$('#nav li a').bind('click', function(){
    $('#nav li a').removeClass('active');
    $(this).addClass('active');
    $(".slide-text").css({  //控制文字提示条位置
        'top':'-100px',
        'right':'0px'
        });
    $(".slide-text").stop();
    $(".slide-text").clearQueue();
```

```
    var active = $('#nav li a.active').attr("rel") -1;//获取单击按钮 rel 属性
    var slidePos = active * slideWidth;
    var slideNum = $('#nav li a.active').attr("rel");
    $(".slide-container").animate({  //图片显示动画
    left: -slidePos
        },1000, function(){   $('.slide-image'+slideNum+' .slide-text' ).addClass( 'textStrip').
animate({
                top:0,
                left:slidePos,
                right:0
                }, 1000, function(){
                 $('.slide-text').delay(5000).animate({//文字提示条等动画
                    top: -100
                    }, 1000);
                });
        });
    });
});
</script>
<body>
<h3>jQuery 图片切换显示</h3>
<div class="container">
</div>
</body>
</html>
```

6.重点代码

$('.container').append('<div class="slide-container" />'),在页面已经定义 class=container 的 div 标签里,追加一个 class=slide-container 的 div 标签到页面上。用来存放所有图片。

$('.container').after('<ul id="nav" class="clearfix"></ul>'),在刚刚插入的 div 标签后插入一个无序列表 ul#nav,用于保存导航链接,控制显示图片册中的哪一张图片。

$('#nav li a').removeClass('active')和$(this).addClass('active'),切换显示下面数字的显示样式。

$(".slide-text").stop()和$(".slide-text").clearQueue(),是停止对应文字简介显示动画并清理动画序列。

后面在有 animate()开始的语句中,当用户用鼠标选中某个数字后设置整个图片册的图片和文字简介提示的页面显示效果。自上到下分别为图片横向切换在 1 000 毫秒动态呈现出来,同时对应的文字简介提示在 1 000 毫秒从上向下显示,停留 5 000 毫秒后,以 1 000 毫秒时间自下而上地隐藏起来。

10.4 技术拓展：显示图片切换广告

完成技术拓展后设计效果，如图 10-17 所示，效果类似任务 10.3，采用另一种编程方法，实现页面上图片既可以自动切换，也可以将鼠标指向数字链接进行切换。

图 10-17 图片切换效果

1.定义网页显示信息

(1)新建文件，在主体标签内添加页面内容。

```
<body>
<div class="imgscroll">
    <ul>
        <li><img src="img/wall1.jpg" width="400" height="300" /></li>
        <li><img src="img/wall2.jpg" width="400" height="300" /></li>
        <li><img src="img/wall3.jpg" width="400" height="300" /></li>
        <li><img src="img/wall4.jpg" width="400" height="300" /></li>
    </ul>
</div>
<div class="imgscroll-title">
    <ul>
        <li class="current">1</li>
        <li>2</li>
        <li>3</li>
        <li>4</li>
    </ul>
</div>
</body>
```

(2)定义页面内容，显示样式 CSS。

```
<style type="text/css">
* {font-size: 12px; color: # 333; text-decoration: none; padding: 0; margin: 0; list-style: none; font-style: normal; font-family: Arial, Helvetica, sans- serif; }
.imgscroll {width:400px; margin-left: auto; margin-right: auto; margin- top : 20px; position: relative; height: 300px; border: 4px solid # efefef; overflow: hidden;}
.imgscroll ul li {height: 300px; width: 400px; text-align: center; line-height: 300px; position: absolute; font-size: 40px; font-weight: bold;}
.imgscroll-title{width: 400px; margin-right: auto; margin-left: auto;}
.imgscroll-title li{height: 20px; width: 20px; float: left; line-height: 20px; text-align: center; border: 1px dashed # CCC; margin-top: 2px; cursor: pointer; margin-right: 2px;}
.current{color: # fff; font-weight: bold; background: # 000;}
.imgscroll ul {position: absolute;}
</style>
```

2. 编写 jQuery 代码程序

```
<script src="js/jquery-1.9.1.js" type="text/javascript"></script>
<script type="text/javascript">
$ (document).ready(function(){
    var speed = 350;
    var autospeed = 3000;
    var i=1;
    var index = 0;
    var n = 0;
    autoroll();
    stoproll();
    /* 鼠标指向数字链接按钮事件 */
    $ (".imgscroll-title li").mouseenter(function () {
        //获取鼠标指向数字链接按钮的序号
        var index = $ (".imgscroll-title li").index( $ (this));
        //先前选择数字样式去除 .current 的 CSS
        $ (".imgscroll-title li").removeClass("current");
        //该选择数字样式为 .current 的 CSS
        $ (this).addClass("current");
        //先前图片对应项目表动画移至 left=-400px 出隐藏
        $ (".imgscrollul").css({"left":"0px"})
                    .animate ( { left:"-400px"}  ,speed);
        //当前选择 index 对应图片 li 标签显示在 left=400px 处
        $ (".imgscroll li").css({"left":"0px"})
                    .eq(index)
                    .css ( {"z-index":i,"left":"400px"});
        i++;
});
/* 自动轮换 */
function autoroll() {
    if(n >= 4) {n = 0;}
```

```
        $(".imgscroll-title li").removeClass("current");
        $(this).eq(n).addClass("current");
        $(".imgscroll ul").css({"left":"0px"});
        $(".imgscroll li").css({"left":"0px"})
                    .eq(n)
                    .css({"z-index":i,"left": "400px"});
            n++;
            i++;
        timer = setTimeout(autoroll, autospeed);
        $(".imgscroll ul").animate({left:"-400px"},speed);
    };
    /* 鼠标悬停即停止自动轮换 */
    function stoproll() {
            $(".imgscroll li").hover(function() {
            clearTimeout(timer);
            n = $(this).prevAll().length+1;
                }, function() {
                timer = setTimeout(autoroll, autospeed);
                });
            $(".imgscroll-title li").hover(function() {
                    clearTimeout(timer);
                    n = $(this).prevAll().length+1;
                    }, function() {
            timer = setTimeout(autoroll, autospeed);
            });
        };
    });
    </script>
```

解释：其中对于同一个选择器，当应用多个方法时，既可以连写，也可以分开独立语句。mouseenter( )方法，触发或将函数绑定到指定元素的 mouseenter 事件。prevAll( )方法，获得选择元素集合中每个元素之前的所有同辈元素，由选择器进行筛选。

3.保存文件

保存文件 10_4.html，在浏览器中浏览页面效果。观看自动切换和将鼠标指向数字链接进行切换的效果变化。

4.小结

深入解读下面几个方法，比较在应用设置上相似的方法。

(1)attr()和 prop()方法

attr()方法，在本例中是获取了所选定目标元素的 title 属性值。其实，attr()方法是用于设置或返回被选元素的属性和值。当该方法用于返回属性值，则返回第一个匹配元素的值。当该方法用于设置属性值，则为匹配元素设置一个或多个属性/值对。其详细的语法使用格式如下。

返回属性的值：$ (selector).attr(attribute)，attribute 为特定属性的名称。

设置属性和值：$(selector).attr(attribute，value)，value 为特定属性的数值。

使用函数设置属性和值：$(selector).attr(attribute，function(index，currentvalue))，index 为接收集合中元素的 index 位置，currentvalue 为接收被选择元素的当前属性值。

设置多个属性和值：$(selector).attr({attribute：value，attribute：value，…})。

在 jQuery 中还有一个类似方法 prop()。其区别在于，比如页面显示一幅图片代码为

```
$<img src="https://www.runoob.com/images/pulpit.jpg" />
```

该图片在页面显示实际宽度为 284。如果页面只有这一张图片，那么使用 attr()方法时代码为 $("img").attr("width") 将返回 undefined，因为页面源代码中没有设置 width 属性。但是利用 prop()方法代码为 $("img").prop("width") 可返回 284，因为浏览器直接显示图片的实际宽度，用户实际看到的宽度就是 284。

理论上，prop()方法更快。但很遗憾，它是扫描浏览器所实际显示的数据，仅可用于浏览器可识别的属性。

比如：<p tinyval="12"></p>，由于其中 tinyval 并非 HTML 标准属性，因此 $("p").prop("tinyval") 无法获取到任何值。但是 attr()方法却不受限制，在使用程序代码 $("p").attr("tinyval") 时会扫描源码并获取到 "12" 的结果。

因此，如果你明白代码将要做什么，建议使用 attr()方法，它应该能提供更好的重用性和兼容性。

(2)after()和 before()方法

after()方法是在被选元素后(元素外部)插入指定的内容。如需在被选元素前插入内容，请使用 before() 方法。它的使用格式为：

```
$(selector).after(content,function(index))
```

其中 content 是必需项，规定要插入的内容(可包含 HTML 标签)。可能的值：HTML 元素；jQuery 对象；DOM 元素。function(index)，规定返回待插入内容的函数。index 为返回集合中元素的 index 位置。

例如，在程序代码中，实现在每个 P 元素后面插入指定的内容。

```
$("p").after(function(n){
    return "<div>上面的 P 元素下标是 " + n + "。</div>";
});
```

例如，在选中图片的后面接着显示三部分内容。

```
var txt1="<b>I </b>";                              // 使用 HTML 创建元素
var txt2=$("<i></i>").text("love ");              // 使用 jQuery 创建元素
var txt3=document.createElement("big");           // 使用 DOM 创建元素
txt3.innerHTML="jQuery!";
$("img").after(txt1,txt2,txt3);                    // 在图片后添加文本
```

(3)append()和 prepend()方法

append() 方法在被选元素内部的结尾插入指定内容。提示：如需在被选元素的开头插入内容，请使用 prepend() 方法。

语法：

```
$(selector).append(content,function(index,html))
```

其中 content 为必需项，规定要插入的内容(可包含 HTML 标签)可能的值：HTML 元素；jQuery 对象；DOM 元素。function(index，html)是可选项，规定返回待插入内容的函

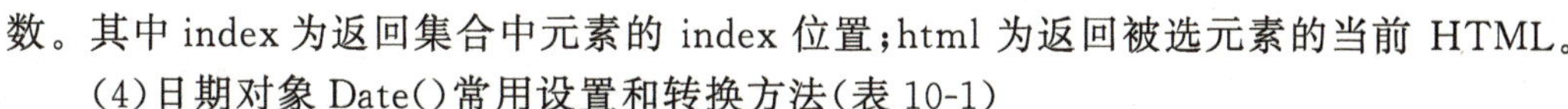

数。其中 index 为返回集合中元素的 index 位置；html 为返回被选元素的当前 HTML。

(4)日期对象 Date()常用设置和转换方法(表 10-1)

表 10-1 日期对象 Date()常用设置和转换方法

setTime()	以毫秒设置 Date()对象
setUTCDate()	根据世界时设置 Date()对象中月份的一天 (1 ～ 31)
setUTCFullYear()	根据世界时设置 Date()对象中的年份(四位数字)
setUTCHours()	根据世界时设置 Date()对象中的小时 (0 ～ 23)
setUTCMilliseconds()	根据世界时设置 Date()对象中的毫秒 (0 ～ 999)
setUTCMinutes()	根据世界时设置 Date()对象中的分钟 (0 ～ 59)
setUTCMonth()	根据世界时设置 Date()对象中的月份 (0 ～ 11)
setUTCSeconds()	用于根据世界时(UTC)设置指定时间的秒字段
toDateString()	把 Date()对象的日期部分转换为字符串
toISOString()	使用 ISO 标准返回字符串的日期格式
toJSON()	以 JSON 数据格式返回日期字符串
toLocaleDateString()	根据本地时间格式，把 Date()对象的日期部分转换为字符串
toLocaleTimeString()	根据本地时间格式，把 Date()对象的时间部分转换为字符串
toLocaleString()	根据本地时间格式，把 Date()对象转换为字符串
toString()	把 Date()对象转换为字符串
toTimeString()	把 Date 对象的时间部分转换为字符串
toUTCString()	根据世界时间，把 Date 对象的时间部分转换为字符串

参考文献

[1] 李云程.网站前端开发技术——CSS+JavaScript+jQuery[M].大连:大连理工大学出版社,2018.

[2] 程淑玉,王韦伟. 网站前端开发项目教程[M].大连:大连理工大学出版社,2019.

[3] 周爱民. JavaScript 语言精髓与编程实践 [M].3 版.北京:电子工业出版社,2020.